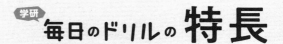
やりきれるから自信がつく！

✓ 1日1枚の勉強で，学習習慣が定着！

◎目標時間に合わせ，無理のない量の問題数で構成されているので，
「1日1枚」やりきることができます。

◎解説が丁寧なので，まだ学校で習っていない内容でも勉強を進めることができます。

✓ すべての学習の土台となる「基礎力」が身につく！

◎スモールステップで構成され，1冊の中でも繰り返し練習していくので，
確実に「基礎力」を身につけることができます。「基礎」が身につくことで，発
展的な内容に進むことができるのです。

◎教科書に沿っているので，授業の進度に合わせて使うこともできます。

✓ 勉強管理アプリの活用で，楽しく勉強できる！

◎設定した勉強時間にアラームが鳴るので，学習習慣がしっかりと身につきます。

◎時間や点数などを登録していくと，成績がグラフ化されたり，
賞状をもらえたりするので，達成感を得られます。

◎勉強をがんばると，キャラクターとコミュニケーションを
取ることができるので，日々のモ……ドが……がります。

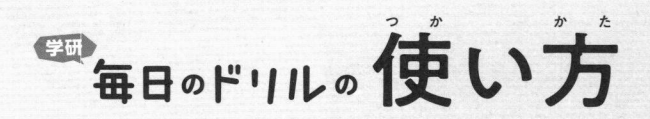

毎日のドリルの使い方

① 1日1枚, 集中して解きましょう。

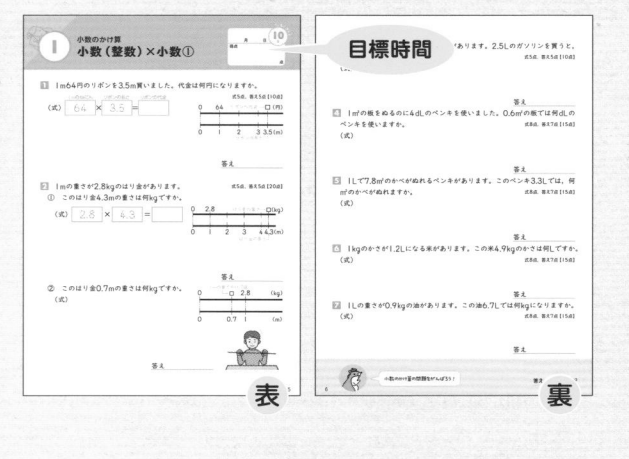

表

裏

目標時間

◎1回分は, 1枚 (表と裏) です。
1枚ずつはがして使うこともできます。

◎目標時間を意識して解きましょう。

アプリのストップウォッチなどで, かかった時間をはかるとよいです。

・巻末の「まとめテスト」で, この本の内容が身についたか確認できます。

② 答え合わせをしましょう。

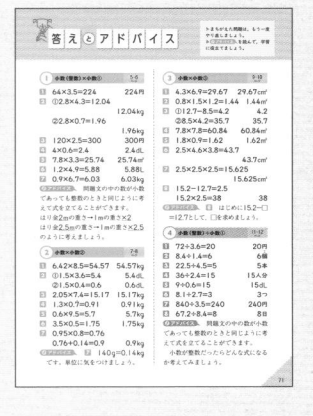

・本の最後に, 「答えとアドバイス」があります。

・答え合わせをして, 点数をつけましょう。

できなかった問題を解き直すと、より力がつくよ!

③ アプリに得点を登録しましょう。

・アプリに得点を登録すると, 成績がグラフ化されます。
・勉強すると, キャラクターが育ちます。

♪毎日のドリル♪ 勉強管理アプリ

「毎日のドリル」シリーズ等専用、スマートフォン・タブレットで使える無料アプリです。1つのアプリでシリーズすべてを管理でき、学習習慣が楽しく身につきます。

1 「毎日のドリル」の学習を徹底サポート！

毎日の勉強タイムをお知らせする
【タイマー】

かかった時間を計る
【ストップウォッチ】

勉強した日を記録する
【カレンダー】

入力した得点を
【グラフ化】

勉強した日本語時間を意識しよう！

2 キャラクターと楽しく学べる！

好きなキャラクターを選ぶことができ、「ひみつ」や「ワザ」が増えます。勉強をがんばるとキャラクターが育ち、「ひみつ」や「ワザ」が増えます。

3 1冊終わると、ごほうびがもらえる！

ドリルが1冊終わるごとに、賞状やメダル、称号がもらえます。

これはやる気が出るっさ！

4 漢字と英単語のゲームにチャレンジ！

自己ベスト更新を目指そう！

ゲームで、どこでも手軽に楽しく勉強できます。漢字は学年別、英単語はレベル別に構成されており、ドリルで勉強した内容の確認にもなります。

漢字のよみがなを当てよう

単語のいみを当てよう

アプリの無料ダウンロードはこちらから！

https://gakken-ep.jp/extra/maidori

【推奨環境】
■ 各種Android端末：対応OS Android6.0以上
■ 各種iOS（iPadOS）端末：対応OS iOS10以上

※対応OSであっても機種についてはIntelCPU（x86Atom）搭載の端末では正しく動作しない場合があります。
※対応OS や対応機種であっても、各ストアでご確認ください。
※お客様のネット環境および携帯端末によりアプリをご利用できない場合、当社は責任を負いかねます。
※本サービスは予告なく、サービスの提供を中止する場合があります。ご理解、ご了承くださいますよう、お願いいたします。
また、事前の予告なく、サービスの提供を中止する場合がありますので、あらかじめご了承ください。

① 小数（整数）×小数①

1 1m64円のリボンを3.5m買いました。代金は何円になりますか。

式5点，答え5点【10点】

（式）　64　×　3.5　＝

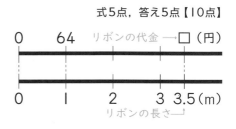

答え _____

2 1mの重さが2.8kgのはり金があります。

式5点，答え5点【20点】

①　このはり金4.3mの重さは何kgですか。

（式）　2.8　×　4.3　＝

答え _____

②　このはり金0.7mの重さは何kgですか。

（式）

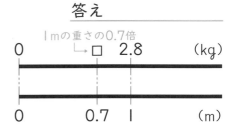

答え _____

5

3 1Lのねだんが120円のガソリンがあります。2.5Lのガソリンを買うと，代金は何円になりますか。

式5点，答え5点【10点】

（式）

答え _____

4 1m²の板をぬるのに4dLのペンキを使いました。0.6m²の板では何dLのペンキを使いますか。

式8点，答え7点【15点】

（式）

答え _____

5 1Lで7.8m²のかべがぬれるペンキがあります。このペンキ3.3Lでは，何m²のかべがぬれますか。

式8点，答え7点【15点】

（式）

答え _____

6 1kgのかさが1.2Lになる米があります。この米4.9kgのかさは何Lですか。

（式）

式8点，答え7点【15点】

答え _____

7 1Lの重さが0.9kgの油があります。この油6.7Lでは何kgになりますか。

（式）

式8点，答え7点【15点】

答え _____

小数のかけ算の問題をがんばろう！

答え ▶ 71ページ

② 小数×小数②

月　日　10分

得点

点

---

1 1mの重さが6.42kgの鉄のぼうがあります。この鉄のぼう8.5mの重さは何kgですか。

式5点，答え5点【10点】

1mの重さ　　鉄のぼうの長さ

（式） $6.42 \times 8.5 =$

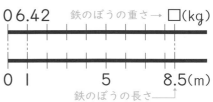

1mの重さの8.5倍だね！

答え _____

---

2 1m²の板をぬるのに1.5dLのペンキを使いました。

式5点，答え5点【20点】

① この板3.6m²をぬるには何dLのペンキがいりますか。

（式） ☐ × ☐ = ☐

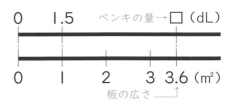

答え _____

② この板0.4m²をぬるのに何dLのペンキを使いましたか。

（式）

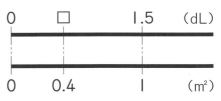

答え _____

3 花だん1㎡に2.05kgのひりょうをまきます。7.4㎡の花だんでは何kgの
ひりょうをまきますか。

式5点，答え5点【10点】

（式）

答え _____

4 あるジュースは1Lの重さが1.3kgです。このジュース0.7Lの重さは何
kgですか。

式8点，答え7点【15点】

（式）

答え _____

5 1㎡あたりで0.6kgの米がとれる水田があります。この水田9.5㎡では何
kgの米がとれますか。

式8点，答え7点【15点】

（式）

答え _____

6 1㎡の重さが3.5kgの板があります。この板0.5㎡の重さは何kgになり
ますか。

式8点，答え7点【15点】

（式）

答え _____

7 1Lの重さが0.95kgの油があります。この油0.8Lを重さ140gの入れ物
に入れると，全体の重さは何kgになりますか。

式8点，答え7点【15点】

（式）

答え _____

よくできたね！次もがんばろう！

答え ▶ 71ページ

1 たて4.3cm，横6.9cmの長方形の面積は何cm²ですか。

式5点，答え5点【10点】

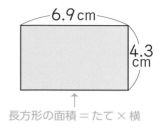

6.9cm
4.3cm

長方形の面積＝たて×横

（式）

たて		横		長方形の面積
4.3	×	6.9	=	

答え _____

2 たて0.8m，横1.5m，高さ1.2mの直方体の体積は何m³ですか。

式5点，答え5点【10点】

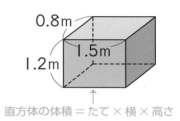

0.8m
1.5m
1.2m

直方体の体積＝たて×横×高さ

（式）

たて		横		高さ		
	×		×		=	

答え _____

3 8.5にある数をかけるのをまちがえて，その数をたしてしまったので，答えが12.7になりました。

式5点，答え5点【20点】

① ある数を求めましょう。← ある数を□とすると，8.5＋□＝12.7

（式）

答え _____

② この計算の正しい答えを求めましょう。

（式）

□の数を
かけるんだよ！

答え _____

4 正方形の形をした土地があります。1辺の長さは7.8mです。この土地の面積は何m²ですか。 　　　　　　　　　　　　　　　　　　　　　　　　　　　式5点，答え5点【10点】

（式）

答え _____

5 たてが1.8m，横が90cmの長方形の形をしたたたみの面積は何m²ですか。

（式） 　　　　　　　　　　　　　　　　　　　　　　　　式5点，答え5点【10点】

答え _____

6 たて2.5cm，横4.6cm，高さ3.8cmの直方体の体積は何cm³ですか。

（式） 　　　　　　　　　　　　　　　　　　　　　　式5点，答え5点【10点】

答え _____

7 たて，横，高さが2.5cmの立方体の体積は何cm³ですか。

（式） 　　　　　　　　　　　　　　　　　　　　　　式8点，答え7点【15点】

答え _____

8 15.2にある数をかけるのをまちがえて，その数をひいてしまったので，答えが12.7になりました。この計算の正しい答えを求めましょう。

（式） 　　　　　　　　　　　　　　　　　　　　　　式8点，答え7点【15点】

答え _____

小数のかけ算ができたね！

答え ▶ 71ページ

4 小数のわり算

小数（整数）÷小数①

1 3.6mのねだんが72円のひもがあります。このひも1mのねだんは何円ですか。

式5点，答え5点【10点】

（式）　72　÷　3.6　＝

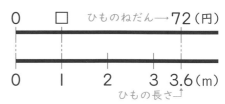

答え _____

2 8.4dLのジュースを1.4dLずつに等分してコップに入れます。コップは何個あればよいですか。

式5点，答え5点【10点】

（式）　□　÷　□　＝　□

答え _____

3 22.5mのテープがあります。このテープを切って，4.5mのテープをできるだけ作ろうと思います。何本のテープができますか。

式5点，答え5点【10点】

（式）

答え _____

4 36mのなわがあります。このなわでなわとびを作ります。1人分の長さを2.4mにすると，何人分のなわとびが作れますか。 式5点，答え5点【10点】
（式）

答え _____

5 1dLのガソリンで0.6km走る自動車があります。この自動車が9km走ると何dLのガソリンを使いますか。 式8点，答え7点【15点】
（式）

答え _____

6 8.1kgの小麦粉(こむぎこ)を2.7kgずつに分けて入れ物に入れます。入れ物はいくつあればよいですか。 式8点，答え7点【15点】
（式）

答え _____

7 3.5Lで840円のしょう油があります。1Lのねだんは何円になりますか。 式8点，答え7点【15点】
（式）

答え _____

8 塩が67.2gあります。1日に8.4gずつ使うと何日で使いきりますか。 式8点，答え7点【15点】
（式）

答え _____

アプリに点数を登録しよう！

答え ▶ 71ページ

1 9.6㎡の畑から36kgのいもがとれました。1㎡では何kgとれたことになりますか。

式5点，答え5点【10点】

（式）
いもの重さ		畑の広さ		1㎡でとれた重さ
36	÷	9.6	=	

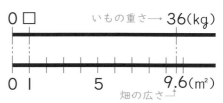

答え

2 2.8mのはり金の重さをはかったら1.4kgでした。このはり金1mの重さは何kgですか。

式5点，答え5点【10点】

（式） [　　] ÷ [　　] = [　　]

答え

3 横が3.25mで，面積が9.1㎡の長方形の形をした花だんがあります。この花だんのたての長さは何mですか。

式5点，答え5点【10点】

（式）

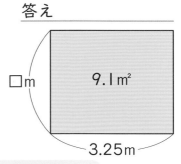

□ × 3.25 = 9.1 の
□を求めるよ！

答え

4 9.2m²の板の重さをはかったら，23kgありました。この板1m²では何kg
になりますか。 式5点，答え5点【10点】

（式）

答え _____

5 4.5m²の板をぬるのに，15.3dLのペンキを使いました。1m²では，何
dLのペンキを使ったことになりますか。 式8点，答え7点【15点】

（式）

答え _____

6 7.5Lの重さが6.9kgのサラダオイルがあります。このサラダオイル1L
の重さは何kgですか。 式8点，答え7点【15点】

（式）

答え _____

7 面積が13cm²の長方形をかこうと思います。たての長さを2.5cmにすると，
横の長さは何cmにすればよいですか。 式8点，答え7点【15点】

（式）

答え _____

8 5.5mで6.6kgの鉄のパイプと，3.5mで2.8kgの銅のパイプがあります。
1mの重さはどちらがどれだけ重いですか。 式8点，答え7点【15点】

（式）

答え _____

 よくがんばったね！えらい！

答え ▶ 72ページ

6 小数（整数）÷小数③

1 18cmのテープを2.7cmずつに切ってリボンを作ります。リボンは何本できて，何cmあまりますか。

式5点，答え5点【10点】

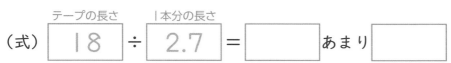

（式）　テープの長さ　18　÷　1本分の長さ　2.7　＝ □　あまり □

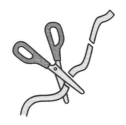

答え _____

2 4.2Lのお茶を0.8Lずつ水とうに入れます。0.8L入りの水とうは何本できて，何Lあまりますか。

式5点，答え5点【10点】

（式）　□　÷　□　＝　□　あまり □

答え _____

3 1.5mで85円の布があります。この布1mのねだんは約何円になりますか。四捨五入して，上から2けたのがい数で求めましょう。

式5点，答え5点【10点】

（式）

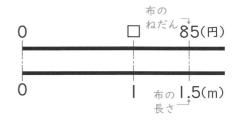

答え _____

4 7Lのジュースを0.6L入るびんに分けます。0.6L入ったびんは何本できて，何Lあまりますか。

式5点，答え5点【10点】

（式）

答え _____

5 56.3kgの粉を，1.9kgずつふくろにつめると，何ふくろできて，何kgあまりますか。

式8点，答え7点【15点】

（式）

答え _____

6 68Lの石油を，3.5L入りの容器に入れます。3.5L入った容器は何個できますか。また，あまりは何Lになりますか。

式8点，答え7点【15点】

（式）

答え _____

7 5.4m²のかべをぬるのに8dLのペンキを使いました。1m²では何dLのペンキを使いましたか。四捨五入して，上から2けたのがい数で求めましょう。

式8点，答え7点【15点】

（式）

答え _____

8 ひもを使って，面積が9.4m²の長方形を作ろうと思います。横の長さを3.2mにすると，たての長さは約何mにすればよいですか。四捨五入して，上から2けたのがい数で求めましょう。

式8点，答え7点【15点】

（式）

答え _____

小数でわる問題はわかったね！

答え ▶ 72ページ

小数倍とかけ算・わり算①

1 右の表のように，赤，青，緑の3種類のリボンがあります。次の問題に答えましょう。

式5点，答え5点【20点】

リボン	長さ
赤	1.5m
青	2.1m
緑	1.2m

① 青のリボンの長さは赤のリボンの長さの何倍ですか。

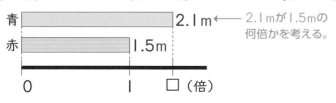

2.1mが1.5mの何倍かを考える。

青のリボンの長さ　赤のリボンの長さ　□倍

(式) $2.1 \div 1.5 =$

答え＿＿＿＿＿＿＿＿

② 緑のリボンの長さは赤のリボンの長さの何倍ですか。

(式) ［　　］÷［　　］＝［　　］

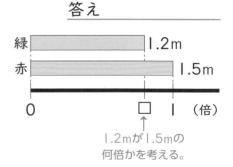

1.2mが1.5mの何倍かを考える。

答え＿＿＿＿＿＿＿＿

2 長方形の形をした花だんがあります。たての長さは3.8m，横の長さは5.7mです。横の長さはたての長さの何倍ですか。

式5点，答え5点【10点】

(式)

5.7m
3.8m

横÷たてを計算すればいいね！

答え＿＿＿＿＿＿＿＿

3 たいちさんの家から駅までは6.3km，公園までは3.5kmあります。駅までの道のりは公園までの道のりの何倍ありますか。 式5点，答え5点【10点】

（式）

答え _____

4 かべにペンキをぬりました。あきらさんは11.4m²，たけしさんは9.5m²ぬりました。あきらさんはたけしさんの何倍ぬりましたか。 式8点，答え7点【15点】

（式）

答え _____

5 オレンジジュースが4.5dL，りんごジュースが2.7dLあります。りんごジュースはオレンジジュースの何倍ありますか。 式8点，答え7点【15点】

（式）

答え _____

6 白いロープが8.5m，オレンジ色のロープが6.8mあります。白いロープの長さはオレンジ色のロープの長さの何倍になりますか。 式8点，答え7点【15点】

（式）

答え _____

7 ゆう子さんとお兄さんがいもほりをしました。ゆう子さんは2.4kg，お兄さんは3.2kgのいもをとりました。ゆう子さんはお兄さんの何倍とりましたか。 式8点，答え7点【15点】

（式）

答え _____

いつもがんばっているね！

答え ▶ 72ページ

8 小数倍とかけ算・わり算②

得点

点

1 料理で塩を14.5g使いました。さとうは塩の2.6倍使いました。さとうを何g使いましたか。

式5点, 答え5点【10点】

（式）

塩の量		さとうの量
14.5	× 2.6	=

答え _____

2 ポットには1.5Lの水が入ります。やかんにはポットの0.8倍の水が入るそうです。やかんには何Lの水が入りますか。

式5点, 答え5点【10点】

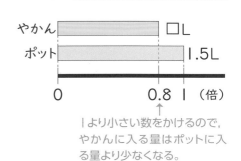

Iより小さい数をかけるので, やかんに入る量はポットに入る量より少なくなる。

（式）　□ × □ = □

答え _____

3 りょうさんのお父さんの体重は72kgで, これはりょうさんの体重の1.6倍にあたります。

式5点, 答え5点【15点】

① りょうさんの体重を□kgとして, かけ算の式に表しましょう。

答え _____

② りょうさんの体重を求めましょう。← □にあてはまる数は
　（式）　　　　　　　　　　　　　　わり算で求められる。

答え _____

4 けんじさんの体重は34kgで，お母さんの体重はその1.6倍だそうです。お母さんの体重は何kgですか。

式5点，答え5点【10点】

（式）

答え _____

5 はち植えに水をやるのに5.2Lの水を使いました。花だんにはその2.5倍の水を使いました。花だんには何Lの水を使いましたか。

式5点，答え5点【10点】

（式）

答え _____

6 かずみさんの弟の身長は98cmで，これはかずみさんの身長の0.7倍にあたります。かずみさんの身長は何cmですか。かずみさんの身長を□cmとして，かけ算の式に表してから，答えを求めましょう。

式8点，答え7点【15点】

（式）

答え _____

7 駅から学校までの道のりは2.4kmあります。駅から学校までの道のりは，駅から公園までの道のりの1.5倍です。駅から公園までの道のりは何kmですか。

式8点，答え7点【15点】

（式）

答え _____

8 ソフトボール投げで，まきとさんは27.6m投げました。まきとさんの投げたきょりはゆうたさんの投げたきょりの0.8倍にあたるそうです。ゆうたさんは何m投げましたか。

式8点，答え7点【15点】

（式）

答え _____

小数のかけ算ができたね！

答え ▶ 72ページ

1 ジュースが，びんに$\frac{1}{2}$L，パックに$\frac{1}{5}$L入っています。

あわせて何Lありますか。　　　　　　　　式6点，答え6点【12点】

（式）　びんの量　パックの量

$$\frac{1}{2} + \frac{1}{5} = \frac{5}{10} + \frac{2}{10} \quad ←通分$$

$$= \boxed{}$$

【通分の考え方】

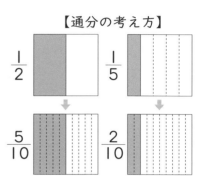

$\frac{1}{2}$　　$\frac{1}{5}$

$\frac{5}{10}$　　$\frac{2}{10}$

答え＿＿＿＿＿＿＿＿

2 右の図を見て，次の問題に答えましょう。　　　　　式6点，答え6点【24点】

よしきの家　駅　　公園　　　病院

$\frac{1}{6}$km　$\frac{1}{3}$km　　$\frac{1}{2}$km

① よしきさんの家から駅の前を通って公園まで，何kmありますか。

（式）

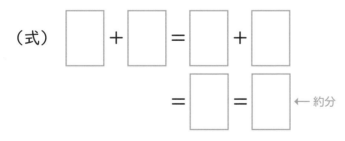

$$\boxed{} + \boxed{} = \boxed{} + \boxed{}$$

$$= \boxed{} = \boxed{} \quad ←約分$$

答え＿＿＿＿＿＿＿＿

② 駅から公園の前を通って病院までは，何kmありますか。

（式）

答え＿＿＿＿＿＿＿＿

通分は最小公倍数を分母にしよう！

3 2つの入れ物に，それぞれ$\frac{2}{5}$Lと$\frac{1}{4}$Lのジュースが入っています。あわせて何Lありますか。

式8点，答え8点【16点】

（式）

答え _____

4 ジャムが$\frac{1}{6}$kg入ったびんと，$\frac{3}{4}$kg入ったびんがあります。全部で何kgありますか。

式8点，答え8点【16点】

（式）

答え _____

5 みかんが$\frac{4}{5}$kgあります。$\frac{3}{10}$kgのかごに，みかんを入れてはかると，全体の重さは何kgになりますか。

式8点，答え8点【16点】

（式）

答え _____

6 赤いリボンが$\frac{2}{3}$m，白いリボンが$\frac{7}{9}$mあります。全部で何mありますか。

式8点，答え8点【16点】

（式）

答え _____

分数の計算をがんばろう！

答え ▶ 73ページ

分数のたし算②

1 牛にゅうを，ゆみさんは $\frac{1}{6}$ L，お兄さんは $\frac{1}{2}$ L飲みました。あわせて何L飲みましたか。

式6点，答え6点【12点】

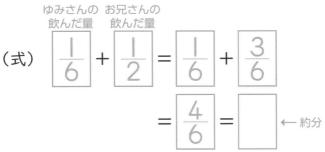

ゆみさんの　お兄さんの
飲んだ量　飲んだ量

（式）$\frac{1}{6} + \frac{1}{2} = \frac{1}{6} + \frac{3}{6}$

$= \frac{4}{6} = \boxed{}$ ← 約分

【通分の考え方】

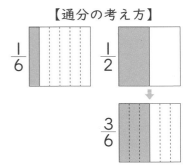

$\frac{1}{6}$　$\frac{1}{2}$

$\frac{3}{6}$

答え _____

2 ㋐が $\frac{1}{2}$ kg，㋑が $\frac{3}{10}$ kg，㋒が $\frac{13}{10}$ kg の3つの箱があります。式6点，答え6点【24点】

① ㋐と㋑の箱をあわせた重さは，何kgですか。

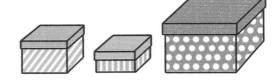

（式）$\boxed{} + \boxed{} = \boxed{} + \boxed{}$

$= \boxed{} = \boxed{}$

答え _____

② ㋐と㋒の箱をあわせた重さは，何kgですか。

（式）

答え _____

3 $\frac{1}{4}$kgのかんに，さとうを$\frac{7}{12}$kg入れました。全体で何kgになりますか。

（式）

式8点，答え8点【16点】

答え＿＿＿＿＿＿＿＿＿＿

4 5年1組では学級園の$\frac{1}{5}$m²にチューリップを，$\frac{2}{15}$m²にパンジーを植えました。あわせて何m²植えましたか。

式8点，答え8点【16点】

（式）

答え＿＿＿＿＿＿＿＿＿＿

5 たかしさんの家から，西へ$\frac{2}{3}$kmのところに銀行があり，東へ$\frac{5}{6}$kmのところに市役所があります。銀行から市役所までは，何kmありますか。

（式）

式8点，答え8点【16点】

答え＿＿＿＿＿＿＿＿＿＿

6 2つの入れ物に，油が$1\frac{4}{5}$Lと$\frac{8}{15}$L入っています。あわせて何Lありますか。

（式）

式8点，答え8点【16点】

答え＿＿＿＿＿＿＿＿＿＿

分数のたし算ができたね！

答え ▶ 73ページ

分数のひき算①

1 牛にゅうが $\frac{1}{2}$ L，ジュースが $\frac{1}{3}$ L あります。牛にゅうとジュースのかさの
ちがいは，何 L ですか。

式6点，答え6点【12点】

【通分の考え方】

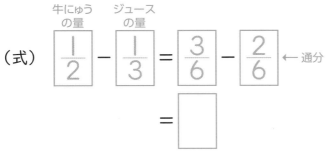

（式）$\frac{1}{2} - \frac{1}{3} = \frac{3}{6} - \frac{2}{6}$　←通分

$= \boxed{}$

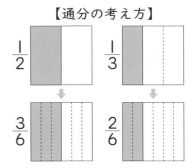

答え _____

2 白いリボンが $\frac{1}{2}$ m，青いリボンが $\frac{2}{5}$ m，黒いリボンが $\frac{11}{10}$ m あります。

式6点，答え6点【24点】

① 白いリボンと青いリボンの長さのちがいは，何 m ですか。

（式）$\boxed{} - \boxed{} = \boxed{} - \boxed{}$

$= \boxed{}$

答え _____

② 黒いリボンと青いリボンの長さのちがいは，何 m ですか。

（式）

答え _____

3 重さが $\frac{4}{5}$kgと $\frac{1}{2}$kgのかんづめがあります。重さのちがいは，何kgですか。

（式）

式8点，答え8点【16点】

答え _____

4 りんごジュースが $\frac{2}{3}$L，ぶどうジュースが $\frac{3}{4}$Lあります。どちらが何L多いですか。

式8点，答え8点【16点】

（式）

答え _____

5 さとうが $\frac{3}{2}$kgありました。ケーキを作るのに， $\frac{2}{3}$kg使いました。残りは，何kgですか。

（式）

式8点，答え8点【16点】

$\frac{3}{2}$kgのさとうのうち $\frac{2}{3}$kg使ったんだね！

答え _____

6 紙テープが $\frac{5}{4}$mありました。何mか使ったので， $\frac{4}{5}$m残りました。何m使いましたか。

式8点，答え8点【16点】

（式）

答え _____

分数の計算があかってきたね！

答え ▶ 73ページ

12 分数のひき算②

1 油が $\dfrac{2}{3}$ L ありました。今日，$\dfrac{1}{6}$ L 使いました。残りは，何 L ですか。

式6点，答え6点【12点】

（式）　$\dfrac{2}{3}$ － $\dfrac{1}{6}$ ＝ $\dfrac{4}{6}$ － $\dfrac{1}{6}$

油の量　今日使った量

$\qquad\qquad = \dfrac{3}{6} = \boxed{}$ ← 約分

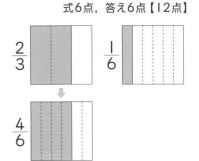

答え ＿＿＿＿＿＿＿

2 右の図を見て，次の問題に答えましょう。　式6点，答え6点【24点】

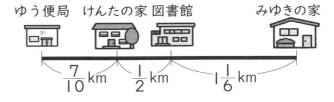

ゆう便局　けんたの家　図書館　　みゆきの家

$\dfrac{7}{10}$ km　$\dfrac{1}{2}$ km　$1\dfrac{1}{6}$ km

① けんたさんの家からゆう便局までのきょりと，けんたさんの家から図書館までのきょりのちがいは，何 km ですか。

（式）　$\boxed{} - \boxed{} = \boxed{} - \boxed{}$

$\qquad\qquad = \boxed{} = \boxed{}$

答え ＿＿＿＿＿＿＿

② 図書館からみゆきさんの家までは，図書館からけんたさんの家までより，何 km 遠いですか。

（式）

帯分数を仮分数にして計算しよう。

答え ＿＿＿＿＿＿＿

3 しょう油が$\frac{9}{10}$dLありました。料理で$\frac{2}{5}$dL使いました。残りは，何dLですか。

式8点，答え8点【16点】

（式）

答え _____

4 ジャムを，あけみさんは$\frac{1}{2}$kg，ゆかりさんは$\frac{3}{10}$kg作りました。あけみさんはゆかりさんより，何kg多く作りましたか。

式8点，答え8点【16点】

（式）

答え _____

5 赤色のペンキが$\frac{7}{10}$L，青色のペンキが$\frac{11}{5}$Lあります。どちらのペンキが，何L多いですか。

式8点，答え8点【16点】

（式）

答え _____

6 $\frac{3}{10}$kgのかごに，りんごを入れてはかると，$\frac{7}{6}$kgありました。りんごだけの重さは，何kgですか。

式8点，答え8点【16点】

（式）

答え _____

よくがんばったね。次はパズルだよ！

答え ▶ 73ページ

❶ スタートからはじめて，たからのあるゴールへ行こう。わかれ道では，計算の答えが丸の中の数になるほうの道へ進もう。スタートからゴールへの道のと中にある文字を順番に読むと，どんな言葉になるでしょうか。

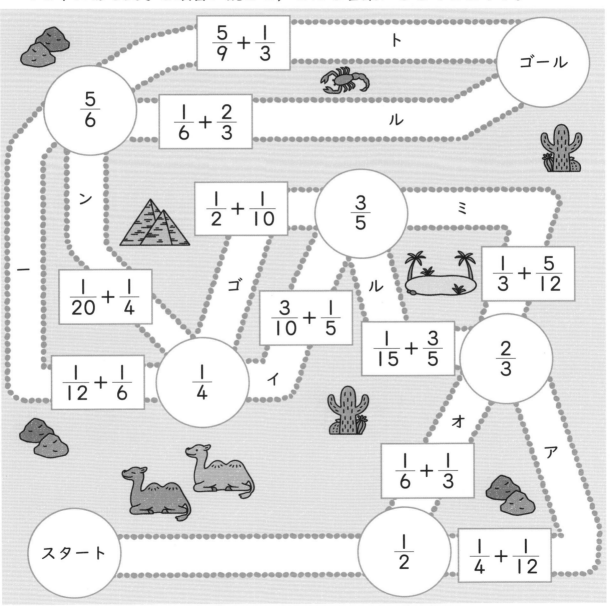

答え

❷ スタートからはじめて，たからのあるゴールへ行こう。わかれ道では，計算の答えが丸の中の数になるほうの道へ進もう。スタートからゴールへの道のと中にある文字を順番に読むと，どんな言葉になるでしょうか。

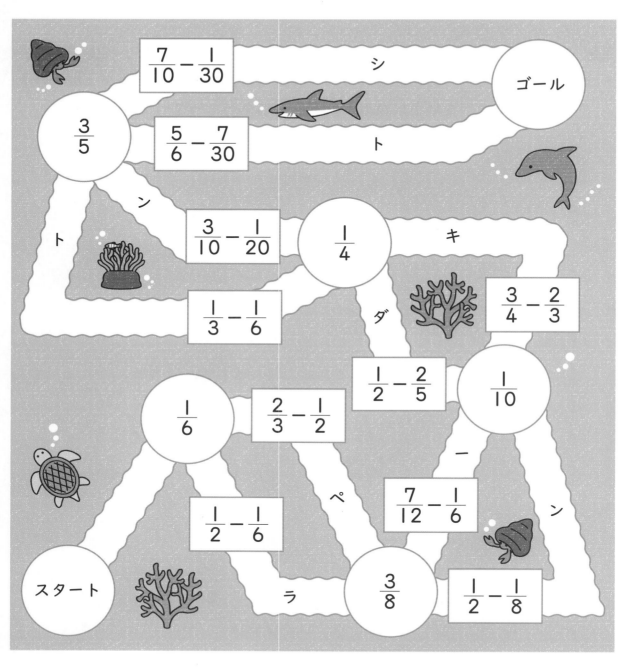

答え ▶ 74ページ

14 平均とその利用①

1 右の表は，先週の月曜日から金曜日までの間に，5年1組の人が，図書室から借りた本の数を表しています。

【借りた本の数】

曜日	月	火	水	木	金
さっ数 (さつ)	8	5	2	7	3

先週は，1日平均何さつ借りたことになりますか。

式6点，答え6点【12点】

借りた本の合計のさっ数　　　先週の日数

（式） $(8 + 5 + 2 + 7 + 3) \div 5 = $ ☐

答え _____

2 右のたまごの重さの平均を求めましょう。

式6点，答え6点【12点】

56g　52g　59g　63g

（式） $(\quad) \div \quad = \quad$

答え _____

3 5年2組の今週の欠席者数は，月曜が1人，火曜が0人，水曜が2人，木曜が3人，金曜が2人でした。1日平均何人が欠席しましたか。

式6点，答え6点【12点】

（式）

答え _____

4 グレープフルーツ5個の重さをはかったら，下のようになりました。グレープフルーツ1個の重さは，平均何gですか。

式8点，答え8点【16点】

550g　　523g　　536g　　541g　　510g

（式）

答え ＿＿＿＿＿＿＿＿＿＿

5 右の点数は，あつしさんが計算テストをしたときの，4回の成績です。

4回の平均点を求めましょう。

83点　70点　73点　88点

式8点，答え8点【16点】

（式）

答え ＿＿＿＿＿＿＿＿＿＿

6 下の表は，のりかさんが1週間に飲んだ牛にゅうの量を表しています。1日に平均何mLの牛にゅうを飲みましたか。

式8点，答え8点【16点】

【1週間に飲んだ牛にゅうの量】

曜　日	月	火	水	木	金	土	日
牛にゅうの量（mL）	190	270	150	0	210	260	250

（式）

答え ＿＿＿＿＿＿＿＿＿＿

7 てつやさんは，8日間で300ページの本を読みました。1日に平均何ページ読んだことになりますか。

式8点，答え8点【16点】

（式）

答え ＿＿＿＿＿＿＿＿＿＿

よくできたね！次もがんばろう！

答え ▶ 74ページ

平均とその利用②

1 たまご1個の重さを平均58gとすると，たまご50個分の重さは，何gになりますか。

式6点，答え6点【12点】

（式）　[58] × [50] = [　　　]

たまご1個の平均の重さ　たまごの個数

答え _____

2 はるかさんは，校庭の横の長さを歩はばではかったら，92歩ありました。はるかさんの歩はばの平均は約65cmです。校庭の横の長さは約何mですか。上から2けたのがい数で求めましょう。

式6点，答え6点【12点】

（式）

答え _____

3 5年1組の30人が，男女2つのグループに分かれて，あきかんひろいをしました。右の表は，それぞれのグループの人数とひろったかんの1人平均の個数を表しています。

　5年1組全体では，1人平均何個ひろったことになりますか。

	人数	1人平均の個数
男子	16人	12個
女子	14人	15個

式6点，答え6点【12点】

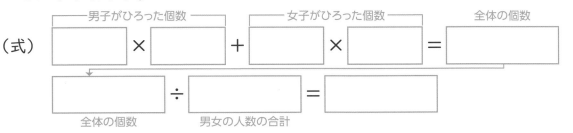

（式）

男子がひろった個数　　女子がひろった個数　　全体の個数
[　　] × [　　] + [　　] × [　　] = [　　]

[　　] ÷ [　　] = [　　]
全体の個数　　男女の人数の合計

答え _____

4 やよいさんは，1日に平均1.6kmジョギングをしようと思っています。30日では，何km走ることになりますか。 式8点，答え8点【16点】

（式）

答え ＿＿＿＿＿＿＿＿＿＿＿＿＿

5 たくやさんの家では，水道の水を1日平均0.48m³使います。何日間で水道の水を12m³使うことになりますか。 式8点，答え8点【16点】

（式）

答え ＿＿＿＿＿＿＿＿＿＿＿＿＿

6 たまご10個の重さをはかったら，右の表のようでした。このたまご1個の重さは，平均何gですか。 式8点，答え8点【16点】

【たまごの重さ】

59g	2個
60g	5個
61g	3個

（式）

たまごは全部で何gあるかな？

答え ＿＿＿＿＿＿＿＿＿＿＿＿＿

7 5年2組の30人が，体育の時間にソフトボール投げをしました。男子，女子の人数と，それぞれの投げたきょりの平均は，右の表のようです。

5年2組全体の投げたきょりの平均は，何mですか。 式8点，答え8点【16点】

	人数	投げたきょりの平均
男子	18人	33m
女子	12人	18m

（式）

答え ＿＿＿＿＿＿＿＿＿＿＿＿＿

平均がわかったね！

答え ▶ 74ページ

16 単位量あたりの大きさ①

月　　日　　15分
得点　　　　　　　　点

1 動物公園には，うさぎ小屋が2つあります。2つの小屋のこみ具合を比べましょう。　式6点，答え6点【24点】

【小屋の面積とうさぎの数】

	面積（m²）	数（羽）
ア	20	15
イ	25	20

① 1m²あたりのうさぎの数で比べましょう。ア，イの小屋では，どちらがすいていますか。

（式）　ア… アの小屋のうさぎの数 15 ÷ アの小屋の面積 20 ＝

　　　　イ… イの小屋のうさぎの数 20 ÷ イの小屋の面積 25 ＝

答え

② 1羽あたりの面積で比べましょう。ア，イの小屋では，どちらがすいていますか。

（式）　ア… アの小屋の面積 ÷ アの小屋のうさぎの数 ＝

　　　　イ… イの小屋の面積 ÷ イの小屋のうさぎの数 ＝

答え

2 A市の人口は323345人で，面積は109km²です。人口密度を，四捨五入して上から2けたのがい数で求めましょう。　式6点，答え6点【12点】

（式）　 人口 ÷ 面積 ＝

答え

35

3 6さつで720円のノートと，8さつで1000円のノートでは，1さつあたりのねだんは，どちらが安いですか。　式8点，答え8点【16点】

（式）

答え _____

4 15Lのガソリンで153km走る自動車と，20Lで192km走る自動車があります。ガソリンの使用量のわりに長く走るのは，どちらですか。　式8点，答え8点【16点】

（式）

> 1Lでどれだけ走るか考えよう！

答え _____

5 12両に2280人乗っている電車と，8両に1640人乗っている電車があります。どちらの電車のほうがこんでいますか。　式8点，答え8点【16点】

（式）

答え _____

6 A市の面積は312km²で人口は435000人，B市の面積は175km²で人口は246000人です。面積のわりに人口が多いのはどちらですか。　式8点，答え8点【16点】

（式）

答え _____

> 半分までできたよ。のこりもがんばろう！

答え ▶ 75ページ

単位量あたりの大きさ②

1 右の表は，A，B2つの畑の面積とじゃがいものとれ高を表したものです。どちらの畑がよくとれたといえますか。式6点，答え6点【12点】

【畑の面積とじゃがいものとれ高】

	面積（m²）	とれ高（kg）
A	35	112
B	26	91

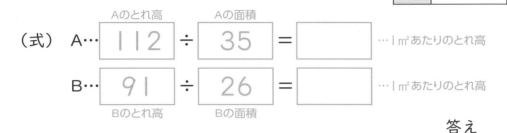

（式）　A… 112 ÷ 35 = 〔　　〕 …1m²あたりのとれ高

　　　　B… 91 ÷ 26 = 〔　　〕 …1m²あたりのとれ高

答え _____

2 1dLあたり2.8gのたんぱく質をふくんでいる牛にゅうがあります。この牛にゅうから7gのたんぱく質をとるには，何dLの牛にゅうを飲めばよいですか。

式6点，答え6点【12点】

（式）　〔　　〕 ÷ 〔　　〕 = 〔　　〕

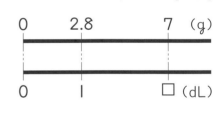

答え _____

3 1mあたりの重さが6.5gのはり金を使っておもちゃを作るのに，このはり金を3.8m使いました。おもちゃの重さは何gですか。　式6点，答え6点【12点】

（式）

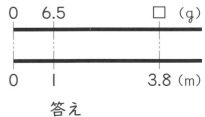

答え _____

4 Aの印刷機は8分間に680まい，Bの印刷機は15分間に1290まい印刷しました。

式8点，答え8点【32点】

① どちらの印刷機のほうが速く印刷できますか。

（式）

答え _____

② Aの印刷機で3060まい印刷するには，何分かかりますか。

（式）

答え _____

5 鉄1cm³あたりの重さは7.8gです。重さ50.7gの鉄のかたまりの体積は何cm³ですか。

式8点，答え8点【16点】

（式）

答え _____

50.7の中に7.8は
どれだけあるかな？

6 6分間に150Lの水をくみ出すポンプがあります。20分間では何Lの水をくみ出せますか。

式8点，答え8点【16点】

（式）

答え _____

単位量あたりの大きさの問題がわかってきたね！

答え ▶ 75ページ

18 単位量あたりの大きさ
速さを求める

1 Aの自動車は110kmを2時間で，Bの自動車は180kmを3時間で進みました。AとBの自動車では，どちらが速いですか。1時間あたり何km進んだかでくらべましょう。

式5点，答え5点【10点】

（式）

A … | 道のり | 110 | ÷ | 時間 | 2 | = |

B … | 道のり | 180 | ÷ | 時間 | 3 | = |

速さは，道のり÷時間で求められるよ！

[A] 0　　□　　110（km）

0　　1　　2（時間）

[B] 0　　□　　180（km）

0　　1　　2　　3（時間）

答え _____

2 1200mを4分間で進んだ自転車の分速を求めましょう。 式5点，答え5点【10点】

（式） □ ÷ □ = □

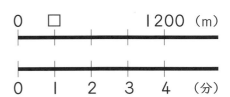

0　□　　　　1200（m）

0　1　2　3　4（分）

答え _____

3 6秒間に150m泳ぐまぐろの秒速を求めましょう。 式5点，答え5点【10点】

（式）

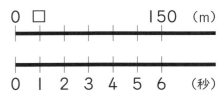

0 □　　　　150（m）

0 1 2 3 4 5 6（秒）

答え _____

4 100m進むのに4秒かかる電車と，700m進むのに35秒かかる自動車では，どちらが速いですか。　　　　　　　　　　　　　　　　式7点，答え7点【14点】

（式）

答え_____

5 9分間に450m歩くÅさんと，6分間に330m歩くB̈さんとでは，どちらが速いですか。　　　　　　　　　　　　　　　　式7点，答え7点【14点】

（式）

答え_____

6 288kmの道のりを，5時間で走る自動車があります。
次の問題に答えましょう。　　　　　　　　　　　　式7点，答え7点【42点】

①　この自動車の時速は何kmですか。
（式）

答え_____

②　この自動車の分速は何mですか。
（式）

答え_____

③　この自動車の秒速は何mですか。
（式）

答え_____

速さの問題もがんばろう！

答え ▶ 75ページ

19 道のりを求める

1 高速道路を時速70kmで走る自動車は，3時間に何km走りますか。

式5点，答え5点【10点】

（式） $\boxed{70}$（速さ） $\times$ $\boxed{3}$（時間） $=$ $\boxed{}$

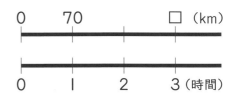

 道のりは，速さ×時間で求められるよ！

答え ＿＿＿＿＿＿＿＿＿＿

2 分速65mで歩く人がいます。8分間では，何m進みますか。

式5点，答え5点【10点】

（式） $\boxed{}$ $\times$ $\boxed{}$ $=$ $\boxed{}$

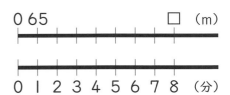

答え ＿＿＿＿＿＿＿＿＿＿

3 秒速5.5mのみつばちが，6秒間に進む道のりは何mですか。

式5点，答え5点【10点】

（式）

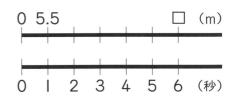

答え ＿＿＿＿＿＿＿＿＿＿

4 次の道のりを求めましょう。

式7点，答え7点【70点】

① 時速270kmの新幹線が，4時間に進む道のり

（式）

答え _____

② 分速0.3kmの自転車が，1時間に進む道のり

（式）

答え _____

③ 秒速20mで走るカンガルーが，35秒間に進む道のり

（式）

答え _____

④ 分速0.6kmのバスが，1時間30分に進む道のり

（式）

答え _____

⑤ 秒速47mのつばめが，2分間に進む道のり

（式）

答え _____

道のりを求めることができたね！

答え ▶ 76ページ

時間を求める

1 時速45kmの自動車が，180km走るのにかかる時間を求めましょう。

式5点，答え5点【10点】

（式）　道のり　180　÷　速さ　45　＝ □

0　45　180(km)

0　1　□(時間)

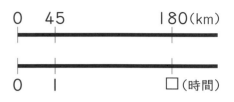
時間は，道のり÷速さで
求められるよ！

答え _____

2 分速320mの自転車が，1600m走るのにかかる時間を求めましょう。

式5点，答え5点【10点】

（式）　□　÷　□　＝　□

0　320　1600(m)

0　1　□（分）

答え _____

3 秒速14mのダチョウが，112m走るのにかかる時間を求めましょう。

式5点，答え5点【10点】

（式）

0　14　112(m)

0　1　□（秒）

答え _____

43

4 次の時間を求めましょう。 式7点, 答え7点【70点】

① 時速54kmの電車が, 270km走るのにかかる時間
（式）

答え _____

② 分速900mのきりんが, 3600m走るのにかかる時間
（式）

答え _____

③ 秒速16mのイルカが, 240m泳ぐのにかかる時間
（式）

答え _____

④ 分速800mのオートバイが, 7.2km走るのにかかる時間
（式）

答え _____

⑤ 時速90kmのホバークラフトが, 225km進むのにかかる時間
（式）

答え _____

アプリに点数を登録しよう！

答え ▶ 76ページ

速さのいろいろな問題

1 Aのコピー機は45分間に3600まい，Bのコピー機は8分間に600まいコピーできます。速くコピーできるのは，どちらの機械ですか。

1分間あたりにコピーできるまい数でくらべましょう。　式6点，答え6点【12点】

（式）　A…　Aのコピー機のまい数 | 時間

$3600 \div 45 =$

$600 \div 8 =$

Bのコピー機のまい数　時間

答え _____

2 自動車が60kmの道のりを走るのに，1.5時間かかりました。この自動車は時速何kmで走りましたか。　式6点，答え6点【12点】

（式）　$60 \div 1.5 =$

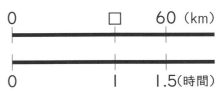

0　□　60（km）

0　1　1.5（時間）

答え _____

3 道のりが15kmのサイクリングコースを，時速18kmの自転車で走ると，何時間かかりますか。答えは，分数で表しましょう。　式6点，答え6点【12点】

（式）

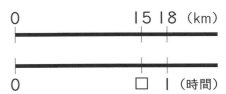

0　15 18（km）

0　□　1（時間）

答え _____

45

4 Aのトラクターは40分間に100m²の畑を耕し, Bのトラクターは25分間に60m²の畑を耕します。速く畑を耕せるのは, どちらのトラクターですか。

（式）

式8点, 答え8点【16点】

答え _____

5 あつしさんは, 20分間で4m²の草取りをしました。この速さで草取りをすると, 35分間では何m²できますか。

式8点, 答え8点【16点】

（式）

答え _____

6 時速810kmの飛行機が, 900km飛ぶのにかかる時間は何時間ですか。答えは, 分数で表しましょう。

式8点, 答え8点【16点】

（式）

答え _____

7 分速1.5kmで走る自動車が, 0.8時間に進む道のりは何kmですか。

（式）

式8点, 答え8点【16点】

答え _____

よくがんばったね。次はプログラミングにちょう戦だ！

答え ▶ 76ページ

❶ あすかさんは，お母さんからいろいろな飲み物をしまっておくようにたのまれました。しまう場所について，メモに次のような図がありました。

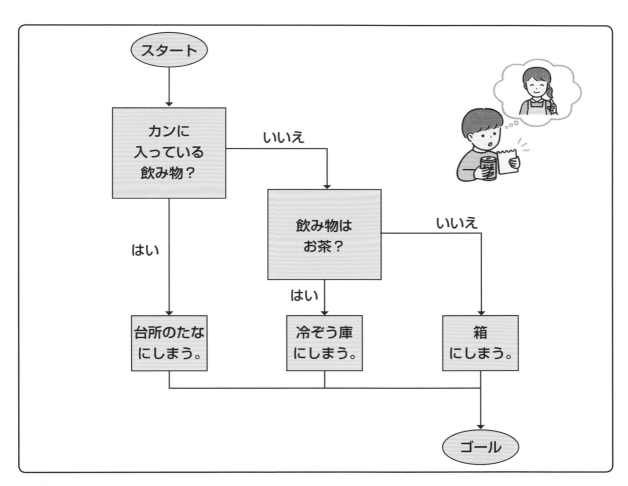

① 紙パックに入ったオレンジジュースはどこにしまいますか。

㋐ 台所のたな　　　㋑ 冷ぞう庫　　　㋒ 箱

答え

② カンに入ったお茶はどこにしまいますか。

㋐ 台所のたな　　　㋑ 冷ぞう庫　　　㋒ 箱

答え

2 やまとさんは，お母さんから部屋の本をしまっておくようにたのまれました。しまう場所について，メモに次のような図がありました。

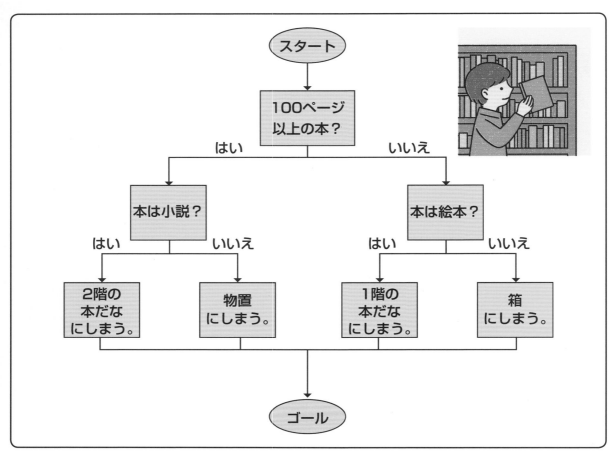

① 200ページの小説はどこにしまいますか。

　　㋐　2階の本だな　　　㋑　物置

　　㋒　1階の本だな　　　㋓　箱

② 95ページのマンガ

　　㋐　2階の本だな　　　㋑　物置

　　㋒　1階の本だな　　　㋓　箱

③ 次の本のうち，1階の本だなにしまうのはどれですか。

　　㋐　120ページの小説　㋑　50ページの図かん

　　㋒　50ページの絵本　　㋓　100ページのマンガ

答え ▶ 76ページ

㉓ 割合と百分率

1 右の表のように，赤，白，黄色の3種類のテープがあります。

式5点，答え5点【20点】

テープ	長さ
赤	20m
白	28m
黄色	12m

① 赤のテープの長さをもとにしたときの，白のテープの長さの割合(わりあい)を求めましょう。

（式）

比べる量(くら)　もとにする量　割合

$$28 \div 20 = \boxed{}$$

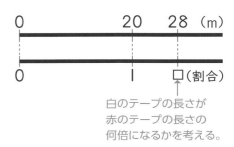

0　　　20　28 （m）

0　　　1　□（割合）

白のテープの長さが
赤のテープの長さの
何倍になるかを考える。

答え _____

② 赤のテープの長さをもとにしたときの，黄色のテープの長さの割合を求めましょう。

（式）
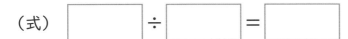

$$\boxed{} \div \boxed{} = \boxed{}$$

0　　　12　　20 （m）

0　　　□　　1 （割合）

比べる量 ÷ もとにする量
で割合を求めるよ！

答え _____

2 いちろうさんは，本をきのう15ページ，今日24ページ読みました。今日読んだページ数はきのう読んだページ数の何％になりますか。

式7点，答え7点【14点】

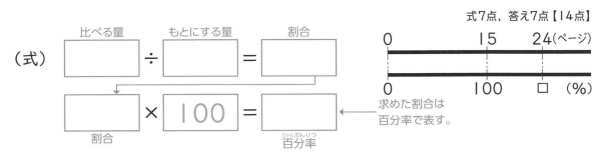

（式）
比べる量　もとにする量　割合

$$\boxed{} \div \boxed{} = \boxed{}$$

$$\boxed{} \times 100 = \boxed{}$$

割合　　　　　　　百分率(ひゃくぶんりつ)

0　　　15　24(ページ)

0　　　100　□ （％）

求めた割合は
百分率で表す。

答え _____

3 5年生の花だんは35㎡で，そのうち28㎡にチューリップが植えてあります。5年生の花だんの面積をもとにしたときの，チューリップが植えてある面積の割合を求めましょう。　　　　　　　　　　　式5点，答え5点【10点】

（式）

答え _____

4 定員65人のバスに78人の乗客が乗っています。定員をもとにしたときの，乗客の割合を求めましょう。　　　　　　　　　　　　式7点，答え7点【14点】

（式）

答え _____

5 夏休みの林間教室のぼ集をしました。定員48人のところ，希望者が72人いました。希望者は定員の何％になりますか。　　　　　式7点，答え7点【14点】

（式）

答え _____

6 まゆみさんのクラスの人数は36人で，そのうちペットをかっている人は27人でした。ペットをかっている人は，クラスの人数の何％ですか。

（式）　　　　　　　　　　　　　　　　　　　　　　式7点，答え7点【14点】

答え _____

7 長さが9.1mの鉄のパイプと6.5mの銅のパイプがあります。鉄のパイプの長さは銅のパイプの長さの何％になりますか。　　　式7点，答え7点【14点】

（式）

答え _____

よくできているね！次もがんばろう！

答え ▶ 77ページ

比べる量を求める

1 80m²の畑全体にひりょうをまきます。これまでにひりょうをまいた面積は，畑全体の0.7にあたります。ひりょうをまいた面積は何m²ですか。

式5点，答え5点【10点】

（式）

もとにする量		割合		比べる量
80	×	0.7	=	

もとにする量 × 割合で
くらべる量を求められるよ！

答え＿＿＿＿＿＿＿

2 クラスの35人のうち，虫歯のある人は40％います。虫歯のある人は何人いますか。

式5点，答え5点【10点】

（式）　35　×　0.4　＝

↑40％は0.4と
表すことができる。

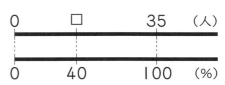

答え＿＿＿＿＿＿＿

3 9.5mのテープのうち，80％を使いました。使ったテープの長さは何mですか。

式5点，答え5点【10点】

（式）

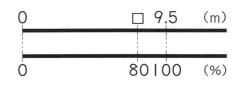

答え＿＿＿＿＿＿＿

4 ただしさんは|週間に|2km歩くことにしています。木曜日までに歩いた道のりは|週間に歩く道のりの0.7にあたります。木曜日までに何km歩きましたか。

式5点, 答え5点【10点】

（式）

答え _____

5 あきらさんはソフトボール投げで25m投げました。つよしさんが投げたきょりは, あきらさんが投げたきょりの|.4にあたります。つよしさんは何m投げましたか。

式8点, 答え7点【15点】

（式）

答え _____

6 0.8Lのジュースのうち, 70%を飲みました。飲んだジュースは何Lですか。

式8点, 答え7点【15点】

（式）

答え _____

7 公園で遊んでいる子どもの人数を調べたら, 4年生は|5人で, 5年生は4年生の|60%にあたる人数がいました。5年生は何人いましたか。

式8点, 答え7点【15点】

（式）

答え _____

8 本だなにある本75さつのうち, 80%を読みました。読んだ本は何さつですか。

式8点, 答え7点【15点】

（式）

答え _____

比べる量を求めることができたね！

答え ▶ 77ページ

もとにする量を求める

1 よう子さんの体重は40kgです。これはお姉さんの体重の0.8にあたります。お姉さんの体重は何kgですか。お姉さんの体重を□kgとして，かけ算の式に表してから，答えを求めましょう。　　式6点，答え6点【12点】

| 0 | | 40 | □ | (kg) |

| 0 | | 0.8 | | (割合) |

（式）　□×0.8＝40　←もとにする量×割合＝比べる量

	比べる量		割合		もとにする量
□＝	40	÷	0.8	＝	

答え _____

2 リボンがあります。このリボンを12cm切り取って使いました。切り取った長さはリボン全体の0.6にあたります。このリボンははじめ何cmありましたか。はじめのリボンの長さを□cmとして，かけ算の式に表してから，答えを求めましょう。　　式6点，答え6点【12点】

| 0 | | 12 | □ | (cm) |

| 0 | | 0.6 | | (割合) |

（式）　□×0.6＝12

| □＝ | | ÷ | | ＝ | |

答え _____

3 びんの中のジュースを2.6dL飲みました。飲んだ量はびんに入っていたジュースの40％にあたります。びんにははじめ何dLのジュースが入っていましたか。びんに入っていたジュースの量を□dLとして，かけ算の式に表してから，答えを求めましょう。　　式6点，答え6点【12点】

| 0 | | 2.6 | □ | (dL) |

| 0 | | 40 | 100 | (%) |

（式）

答え _____

4 畑に種をまいています。これまでに38m²に種をまきました。これは畑全体の0.4にあたります。畑全体の広さは何m²ですか。畑全体の広さを□m²として，かけ算の式に表してから，答えを求めましょう。 式8点，答え8点【16点】

（式）

答え _____

5 ポットに水を0.6L入れました。これはポットに入る水の量の0.5にあたります。ポットには何Lの水が入りますか。ポットに入る水の量を□Lとして，かけ算の式に表してから，答えを求めましょう。 式8点，答え8点【16点】

（式）

答え _____

6 ある店で，今月ノートが84さつ売れました。これは先月売れたノートの数の150%になります。先月はノートが何さつ売れましたか。先月売れたノートの数を□さつとして，かけ算の式に表してから，答えを求めましょう。

式8点，答え8点【16点】

（式）

答え _____

□×1.5＝84
だね！

7 赤色と黄色のテープがあります。黄色のテープの長さは44.2cmで，黄色のテープは赤色のテープの130%の長さです。赤色のテープの長さは何cmですか。赤のテープの長さを□cmとして，かけ算の式に表してから答えを求めましょう。 式8点，答え8点【16点】

（式）

答え _____

もとにする量を求めることができたね！

答え ▶ 77ページ

割合の利用

1 60円で仕入れたえんぴつに，20%のもうけがあるように定価をつけました。定価は何円になりますか。

式5点，答え5点【10点】

（式）
仕入れね　もうけをふくめた定価の割合　定価

$$60 × \left(1 + 0.2 \right) = \boxed{}$$

答え _____

2 びんに入っているジュースの25%を飲んだので，残りが1.2Lになりました。はじめジュースは何Lありましたか。

式5点，答え5点【10点】

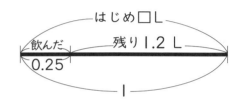

（式）　$□ × \left(\boxed{} - \boxed{} \right) = \boxed{}$

$□ = \boxed{} ÷ \boxed{} = \boxed{}$

 25%は0.25と表すことができるね。

答え _____

3 兄の体重は45kgで，妹の体重より80%重いそうです。妹の体重は何kgですか。

式5点，答え5点【10点】

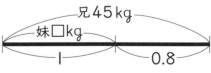

（式）

答え _____

4 85m²の畑があります。この畑の60％を耕しました。まだ耕していない部分は何m²ありますか。

式5点，答え5点【10点】

（式）

答え _____

5 ただしさんの去年の体重は35kgでしたが，今年は去年より12％増えました。今年の体重は何kgですか。

式8点，答え7点【15点】

（式）

答え _____

6 ひろしさんの学校では，今年の児童数が去年より2％増えて867人になりました。去年の児童数は何人でしたか。

式8点，答え7点【15点】

（式）

答え _____

7 工作で，持っているテープの6割を使ったので，残りが34cmになりました。テープをはじめ何cm持っていましたか。

式8点，答え7点【15点】

（式）

答え _____

8 かんに入っているさとうの8割5分を使ったので，残りが0.24kgになりました。はじめさとうは何kgありましたか。

式8点，答え7点【15点】

（式）

答え _____

5分は0.05のことだよ！

割合がわかったね！

答え ▶ 78ページ

表を使って考える問題

1 ゆうかさんとりなさんは，それぞれ同じページ数の本を読んでいます。ゆうかさんは，昨日までに50ページ読み終わり，今日から毎日15ページずつ読みます。りなさんは，今日から毎日20ページずつ読みます。このとき，2人の読んだページが同じになるのは何日目かを求めます。　　1つ15点【30点】

① 1日目，2日目，3日目，4日目の2人のページの差はどうなるか表の㋐〜㋓に入る数を書きましょう。

	昨日	1日目	2日目	3日目	4日目
ゆうか（ページ）	50	65	80	95	110
りな（ページ）	0	20	40	60	80
差（ページ）	50	㋐	㋑	㋒	㋓

差は1日で
5ページずつ
ちぢまるね！

② 2人の読んだページが同じになるのは何日目ですか。

答え _____

2 80円のペンと50円のペンを合わせて60本買いました。

80円のペンの代金のほうが，50円のペンの代金よりも1680円高かったそうです。それぞれ何本ずつ買ったかを求めます。　　1つ10点【20点】

① 80円のペンの本数が30，31，32のとき，代金の差はどうなりますか。表の㋐〜㋒に入る数を書きましょう。

80円のペン（本）	30	31	32	…	
50円のペン（本）	30	29	28	…	
代金の差（円）	㋐	㋑	㋒	…	1680

② 80円のペンと50円のペンはそれぞれ何本買いましたか。

答え _____

3 じゅんさんは弟とお金を出し合って，2700円の図かんを買うことにしました。じゅんさんは600円持っていて，弟はお金を持っていません。じゅんさんは毎月200円ずつ，弟は毎月150円ずつ貯金することにしました。

1つ15点【30点】

① 2か月後，3か月後，4か月後の2人の貯金の合計はどうなるか，㋐〜㋒に入る数を書きましょう。

	今	1か月後	2か月後	3か月後	4か月後
じゅんさん(円)	600	800	1000	1200	1400
弟(円)	0	150	300	450	600
貯金の合計(円)	600	950	㋐	㋑	㋒

② 図かんを買えるのは何か月後ですか。

答え _____

4 1さつ120円のノートと1さつ100円のノートが，あわせて40さつ売れました。120円のノートの売上高のほうが，100円のノートの売上高より1280円多かったそうです。120円のノートと100円のノートは，それぞれ何さつ売れましたか。

【20点】

答え _____

表を使って問題が解けたね！

答え ▶ 78ページ

28 いろいろな問題
きまりを見つける問題

1 正方形の折り紙を，次のように2つに折り，それをまた2つに折り，……
ということをくり返します。

1つ20点【40点】

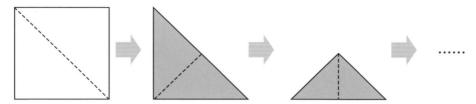

折り紙を何回か折ってから広げると，次の図のように折り目でいくつかの
三角形に分けられています。

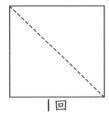
1回

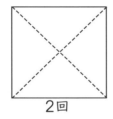
2回

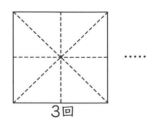
3回

……

① 次の表は，折った回数と折り目で分けられた三角形の数をまとめたもの
です。折った回数が4回，5回，6回のとき三角形の個数はどうなるか，
㋐～㋒に書きましょう。

折った回数（回）	1	2	3	4	5	6
三角形（個）	2	4	8	㋐	㋑	㋒

×2　×2　×2　×2　×2

三角形の数は
2倍ずつふえるね！

② 折り紙を8回折って広げたとき，折り目で分けられた
三角形の数は何個ですか。

答え _____

2 石をならべて，次の図のようにピラミッドの形をつくります。 1つ15点【30点】

1だん　　　　2だん　　　　　3だん

① 次の表は，だんの数と石の数をまとめたものです。㋐〜㋓に入る数を書きましょう。

だんの数（だん）	1	2	3	4	5	6
石の数（個）	1	3	㋐	㋑	㋒	㋓

② 9だんならべたとき，使った石は何個ですか。

答え _____

3 ぼうをならべて，次の図のように正方形を重ねた形をつくります。【30点】

1だん　　　　2だん　　　　　3だん

ぼうを54本使うと，何だんになりますか。

答え _____

きまりを見つけて問題がとけたね！

答え ▶ 79ページ

29 速さの関係を使って解く問題①

1 めぐみさんの家から駅までは1800mあります。駅に着いためぐみさんは，お母さんに電話をしてから，家に向かって分速60mで歩き始めました。

駅　　　　　　　　　　　　　　家

電話を受けたお母さんは，すぐに自転車に乗り，分速240mで駅に向かいました。2人が何分後に出会うかを求めます。　　①1つ15点，②③1つ10点【35点】

① 1分後，2分後，3分後，…に，2人合わせて何m進んだかを表にします。㋐〜㋒に入る数を書きましょう。

進んだ時間（分）	0	1	2	3	…	
めぐみさんの進んだ道のり（m）	0	60	120	㋐	…	
お母さんの進んだ道のり（m）	0	240	480	㋑	…	
2人合わせて進んだ道のり（m）	0	300	600	㋒	…	1800

② 2人合わせて1分間に進んだ道のりは何mですか。

答え＿＿＿＿＿＿＿＿＿＿

③ 2人は何分後に出会いますか。

答え＿＿＿＿＿＿＿＿＿＿

2 **1**で，めぐみさんの家から駅までの道のりが2400mであるとすると，2人は何分後に出会いますか。

【15点】

答え＿＿＿＿＿＿＿＿＿＿

3 ゆうきさんが歩いて公園を出てから10分後に，まさとさんが自転車でゆうきさんのあとを追いかけました。ゆうきさんの

歩く速さは分速70m，まさとさんの自転車の速さは分速210mです。まさとさんが何分後にゆうきさんに追いつくかを求めます。

①1つ15点，②③1つ10点【35点】

① まさとさんが走り始めてから，1分，2分，3分，…と時間がたつにつれて，2人の間のきょりがどのように変わるのかを表にします。⑦〜⑨に入る数を書きましょう。

まさとさんが自転車で走った時間（分）	0	1	2	3	…	
ゆうきさんの進んだ道のり（m）	700	770	840	⑦	…	
まさとさんの進んだ道のり（m）	0	210	420	⑦	…	
2人の間のきょり（m）	700	560	420	⑦	…	0

② 2人の間のきょりは1分間に何mちぢまりますか。

答え _____

③ まさとさんは，何分後にゆうきさんに追いつきますか。

答え _____

4 **3**で，まさとさんが追いかけ始めたのが20分後だとすると，何分後にゆうきさんに追いつきますか。

【15点】

答え _____

アプリに点数を登録しよう！

答え ▶ 79ページ

速さの関係を使って解く問題②

1 ふみきりの前に立っているよしとさんの前を10両編成の列車が通過するのに10秒かかりました。列車1両の長さを20mとして，この列車の速さを求めます。

①②1つ5点，③式5点，答え5点【20点】

① 列車全体の長さは何mになりますか。

↑
20mの車両が10両

答え ＿＿＿＿＿＿＿＿＿＿＿

② よしとさんの前を通過する間に，列車は何m走っていますか。

列車のいちばん前からいちばん後ろまでの長さ分だけ進む。

答え ＿＿＿＿＿＿＿＿＿＿＿

③ この列車の秒速を求めましょう。

（式）

列車が走ったきょり	時間	速さ
☐ ÷	☐ ＝	☐

答え ＿＿＿＿＿＿＿＿＿＿＿

2 160mの列車が200mの鉄橋を通過するのに，18秒かかりました。この列車の速さは時速何kmですか。【20点】

秒速を求めてから時速に直そう！

答え ＿＿＿＿＿＿＿＿＿＿＿

3 ふみきりの前に立っている人の前を，6両編成の列車が通過するのに8秒かかりました。この列車の速さは時速何kmですか。列車1両の長さは20mです。 【20点】

答え _____

4 長さ160mの列車が，秒速20mで走っています。この列車がふみきりの前で立っている人の前を通過するのに何秒かかりますか。 【20点】

答え _____

5 長さ120mの列車が秒速20mで走っています。この列車が480mの鉄橋をわたり始めてから，わたり終わるまでに何秒かかりますか。 【20点】

答え _____

よくがんばったね！えらい！

答え ▶ 79ページ

31 速さの関係を使って 解く問題③

月　日　15分
得点
点

1 　川の上流にあるA地点と下流にあるB地点の間を，上ったり，下ったりする船があります。この船は，流れのないところ（静水）では，分速400mの速さで進みます。川の流れの速さは，分速50mです。船がA地点からB地点まで行くのに，1時間10分かかりました。

①②1つ5点，③④式10点，答え10点【50点】

① 　船がA地点からB地点に向かいます。船は20分後にA地点からどれだけはなれていますか。次の□に入る数を書きましょう。

【下るとき】
静水での船の速さ
川の流れの速さ
下りの速さ

　　船は川を下っているので，船の速さは川の流れの速さの分だけ速くなって，1分間に　450　m進みます。

　　船は20分間で　　　　×20＝　　　　（m）進みます。

② 　船がB地点からA地点に向かいます。船が1400m進むのに何分かかりますか。次の□に入る数を書きましょう。

【上るとき】
静水での船の速さ
上りの速さ
川の流れの速さ

　　船は川を上っているので，船の速さは川の流れの速さの分だけおそくなって，1分間に　　　　m進みます。

　　船が1400m進むのに，1400÷　　　　＝　　　　（分）かかります。

③ 　A地点からB地点まで何mありますか。
（式）

答え　　　　　　　　　　

④ 　船がB地点からA地点まで行くのにかかる時間を求めましょう。
（式）

答え

2 ある船で，流れの速さが分速55mの川を5.2km下るのに13分かかりました。この船の静水での速さは，分速何mですか。

式5点，答え5点【10点】

（式）

答え _____

3 静水での速さが分速350mの船で，川をA地点からB地点までさか上ったところ16分かかりました。川の流れの速さは分速50mでした。

式5点，答え5点【20点】

① A地点からB地点まで何kmありますか。

（式）

答え _____

② この船でB地点からA地点まで下ると，何分かかりますか。

（式）

答え _____

4 川の上流のA地点から，2.8km下流のB地点まで同じ船で往復したところ，行きは7分，帰りは10分かかりました。

式5点，答え5点【20点】

① この船の静水での速さは分速何mですか。

（式）

答え _____

② この川の流れの速さは分速何mですか。

（式）

上りと下りの平均の速さを求めよう！

答え _____

あと少しだよ！ がんばろう！

答え ▶ 79ページ

32 いろいろな問題
割合の関係を使って解く問題

月　日　15分

得点　　　点

1 洋がし屋で，プリン2個とシュークリーム5個を買うと1200円，プリン2個とシュークリーム3個を買うと840円になるそうです。シュークリーム1個のねだんは，何円でしょうか。次の□に入る数を書き答えを求めましょう。　□1つ3点，答え8点【20点】

ねだんのちがいはシュークリーム2個分なので，シュークリーム2個のねだんは，

$$1200 - \boxed{} = \boxed{}$$

シュークリーム1個のねだんは，

$$\boxed{} \div 2 = \boxed{}$$

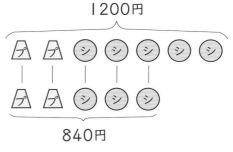

1200円

840円

同じものをさしひいて考えよう！

答え＿＿＿＿＿＿

2 おとなと子どもが合わせて20人います。子どもの人数は，おとなの人数の4倍でした。おとなと子どもの人数は，それぞれ何人ですか。　式10点，答え10点【20点】

20人

子どもの人数はおとなの4倍と同じになる。

（式）
おとなと子どもの人数		おとなの何倍		おとなの人数
$\boxed{}$	÷	$\boxed{}$	=	$\boxed{}$

おとなの人数		何倍		子どもの人数
$\boxed{}$	×	$\boxed{}$	=	$\boxed{}$

答え＿＿＿＿＿＿

3　大小2種類のおもりがあります。大3個と小4個の重さは640g，大6個と小4個の重さは1000gです。大小のおもり1個の重さは，それぞれ何gですか。　式7点，答え8点【15点】

(式)

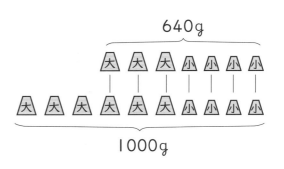

答え

4　れいさんと妹が持っているお金を合わせると3000円です。れいさんは妹の5倍のお金を持っています。れいさんが持っているお金は何円ですか。　式7点，答え8点【15点】

(式)

答え

5　的当てゲームで，赤に1回，青に3回当たると17点，赤に1回，青に6回当たると26点です。青と赤の点数は，それぞれ何点ですか。

式7点，答え8点【15点】

(式)

図をかいて考えてみよう！

答え

6　ボールが入った大小2種類の箱があります。大1箱と小4箱でボールは36個です。大1箱には，小1箱の2倍のボールが入っています。大小それぞれ1箱に入っているボールの個数は何個ですか。　式7点，答え8点【15点】

(式)

答え

よくがんばったね！おつかれさま！

答え ▶ 80ページ

1　1cm³の重さが10.5gの銀があります。この銀6.4cm³の重さは何gですか。

式5点, 答え5点【10点】

（式）

答え _____

2　米が28.5kgあります。この米を1.2kgずつふくろに入れると，米の入ったふくろは何ふくろできますか。また，米は何kgあまりますか。

式5点, 答え5点【10点】

（式）

答え _____

3　赤いテープが2.1m，青いテープが3.5mあります。赤いテープの長さは青いテープの長さの何倍ですか。

式5点, 答え5点【10点】

（式）

答え _____

4　重さが$\frac{7}{10}$kgのかんに，塩を$\frac{5}{6}$kg入れると，全体の重さは何kgになりますか。

式5点, 答え5点【10点】

（式）

答え _____

5　牛にゅうが1Lありました。兄が$\frac{5}{9}$L，弟が$\frac{1}{3}$L飲みました。牛にゅうは何L残っていますか。

式5点, 答え5点【10点】

（式）

答え _____

6 ジュースが0.4L入ったびんが6本あります。これを4人で等分すると、１人分は何Lになりますか。

式5点，答え5点【10点】

（式）

答え ＿＿＿＿＿＿＿＿＿＿

7 ちあきさんのはんは4人で，4人の身長はそれぞれ，147cm，151cm，149cm，143cmです。4人の身長の平均は，何cmですか。

式5点，答え5点【10点】

（式）

答え ＿＿＿＿＿＿＿＿＿＿

8 秒速340mのジェット機は，2時間15分で何km飛びますか。

式5点，答え5点【10点】

（式）

答え ＿＿＿＿＿＿＿＿＿＿

9 A地点から120kmはなれたB地点に向かって，自動車Ⓐが時速60kmで出発しました。同じ時こくに，B地点からA地点に向かって，自動車Ⓑが時速40kmで出発しました。何時間何分後に2台の自動車は出会いますか。

式5点，答え5点【10点】

（式）

答え ＿＿＿＿＿＿＿＿＿＿

10 冷ぞう庫にあった牛肉の60%を料理に使ったので，残りが0.6kgになりました。はじめ牛肉は何kgありましたか。

式5点，答え5点【10点】

（式）

答え ＿＿＿＿＿＿＿＿＿＿

答え ▶ 80ページ

答えとアドバイス

①　小数（整数）×小数①　5~6ページ

1　64×3.5=224　　224円
2　①2.8×4.3=12.04
　　　　　　　　12.04kg
　　②2.8×0.7=1.96
　　　　　　　　1.96kg
3　120×2.5=300　　300円
4　4×0.6=2.4　　2.4dL
5　7.8×3.3=25.74　25.74㎡
6　1.2×4.9=5.88　5.88L
7　0.9×6.7=6.03　6.03kg

❶アドバイス　問題文の中の数が小数
であっても整数のときと同じように考
えて式を立てることができます。
はり金2mの重さ→1mの重さ×2
はり金2.5mの重さ→1mの重さ×2.5
のように考えましょう。

②　小数×小数②　7~8ページ

1　6.42×8.5=54.57　54.57kg
2　①1.5×3.6=5.4　　5.4dL
　　②1.5×0.4=0.6　　0.6dL
3　2.05×7.4=15.17　15.17kg
4　1.3×0.7=0.91　　0.91kg
5　0.6×9.5=5.7　　5.7kg
6　3.5×0.5=1.75　　1.75kg
7　0.95×0.8=0.76
　　0.76+0.14=0.9　　0.9kg

❶アドバイス　7　140g=0.14kg
です。単位に気をつけましょう。

③　小数×小数③　9~10ページ

1　4.3×6.9=29.67　29.67㎠
2　0.8×1.5×1.2=1.44　1.44㎥
3　①12.7-8.5=4.2　　4.2
　　②8.5×4.2=35.7　　35.7
4　7.8×7.8=60.84　60.84㎡
5　1.8×0.9=1.62　1.62㎡
6　2.5×4.6×3.8=43.7
　　　　　　　　43.7㎤
7　2.5×2.5×2.5=15.625
　　　　　　　15.625㎤
8　15.2-12.7=2.5
　　15.2×2.5=38　　38

❶アドバイス　8　はじめに15.2-□
=12.7として，□を求めましょう。

④　小数（整数）÷小数①　11~12ページ

1　72÷3.6=20　　20円
2　8.4÷1.4=6　　6個
3　22.5÷4.5=5　　5本
4　36÷2.4=15　　15人分
5　9÷0.6=15　　15dL
6　8.1÷2.7=3　　3つ
7　840÷3.5=240　240円
8　67.2÷8.4=8　　8日

❶アドバイス　問題文の中の数が小数
であっても整数のときと同じように考
えて式を立てることができます。
　小数が整数だったらどんな式になる
か考えてみましょう。

⑤ 小数（整数）÷小数② 　13~14ページ

1	$36÷9.6=3.75$	3.75kg
2	$1.4÷2.8=0.5$	0.5kg
3	$9.1÷3.25=2.8$	2.8m
4	$23÷9.2=2.5$	2.5kg
5	$15.3÷4.5=3.4$	3.4dL
6	$6.9÷7.5=0.92$	0.92kg
7	$13÷2.5=5.2$	5.2cm
8	$6.6÷5.5=1.2$	

$$2.8÷3.5=0.8$$
$$1.2-0.8=0.4$$

鉄のパイプが0.4kg重い

●アドバイス　**3**　$□×3.25=9.1$や
7　$2.5×□=13$のように面積を求めるかけ算の式ではじめに表すと，□の数はわり算で求めることができます。

⑥ 小数（整数）÷小数③ 　15~16ページ

1　$18÷2.7=6あまり1.8$
　　　　6本できて1.8cmあまる

2　$4.2÷0.8=5あまり0.2$
　　　　5本できて0.2Lあまる

3　$85÷1.5=56.6…$　　　約57円

4　$7÷0.6=11あまり0.4$
　　　　11本できて0.4Lあまる

5　$56.3÷1.9=29あまり1.2$
　　　　29ふくろできて1.2kgあまる

6　$68÷3.5=19あまり1.5$
　　　　19個できて1.5Lあまる

7　$8÷5.4=1.48…$
　　　　　　　　　　　約1.5dL

8　$9.4÷3.2=2.93…$　　約2.9m

●アドバイス　「わる数×商＋あまり
＝わられる数」で確かめてみましょう。

⑦ 小数倍とかけ算・わり算① 　17~18ページ

1　①$2.1÷1.5=1.4$　　　1.4倍
　　②$1.2÷1.5=0.8$　　　0.8倍

2　$5.7÷3.8=1.5$　　　1.5倍

3　$6.3÷3.5=1.8$　　　1.8倍

4　$11.4÷9.5=1.2$　　　1.2倍

5　$2.7÷4.5=0.6$　　　0.6倍

6　$8.5÷6.8=1.25$　　　1.25倍

7　$2.4÷3.2=0.75$　　　0.75倍

●アドバイス　もとにするのはどの量かよく考えて，わる数とわられる数をまちがえないように気をつけましょう。

⑧ 小数倍とかけ算・わり算② 　19~20ページ

1　$14.5×2.6=37.7$　　　37.7g

2　$1.5×0.8=1.2$　　　1.2L

3　①$□×1.6=72$
　　②$72÷1.6=45$　　　45kg

4　$34×1.6=54.4$　　　54.4kg

5　$5.2×2.5=13$　　　13L

6　$□×0.7=98$
　　$□=98÷0.7=140$　　　140cm

7　駅から公園まで□kmとすると，
　　$□×1.5=2.4$
　　$□=2.4÷1.5=1.6$　　　1.6km

8　ゆうたさんが□m投げたとすると，
　　$□×0.8=27.6$
　　$□=27.6÷0.8=34.5$　　34.5m

●アドバイス　**6**　かずみさんの身長の0.7倍が弟の身長となるので，□×0.7=98という式で表されます。

7，**8**　□を使う式は頭の中で考えて，わり算だけの式でもかまいません。

9 分数のたし算① 21~22ページ

1 $\dfrac{1}{2}+\dfrac{1}{5}=\dfrac{5}{10}+\dfrac{2}{10}=\dfrac{7}{10}$ $\dfrac{7}{10}$L

2 ① $\dfrac{1}{6}+\dfrac{1}{3}=\dfrac{1}{6}+\dfrac{2}{6}=\dfrac{3}{6}=\dfrac{1}{2}$ $\dfrac{1}{2}$km

② $\dfrac{1}{3}+\dfrac{1}{2}=\dfrac{5}{6}$ $\dfrac{5}{6}$km

3 $\dfrac{2}{5}+\dfrac{1}{4}=\dfrac{13}{20}$ $\dfrac{13}{20}$L

4 $\dfrac{1}{6}+\dfrac{3}{4}=\dfrac{11}{12}$ $\dfrac{11}{12}$kg

5 $\dfrac{4}{5}+\dfrac{3}{10}=\dfrac{11}{10}$ $\dfrac{11}{10}\left(1\dfrac{1}{10}\right)$kg

6 $\dfrac{2}{3}+\dfrac{7}{9}=\dfrac{13}{9}$ $\dfrac{13}{9}\left(1\dfrac{4}{9}\right)$m

● アドバイス　整数や小数と同じように，「あわせて」「全部で」のことばからたし算の式がつくれます。

10 分数のたし算② 23~24ページ

1 $\dfrac{1}{6}+\dfrac{1}{2}=\dfrac{1}{6}+\dfrac{3}{6}=\dfrac{4}{6}=\dfrac{2}{3}$ $\dfrac{2}{3}$L

2 ① $\dfrac{1}{2}+\dfrac{3}{10}=\dfrac{5}{10}+\dfrac{3}{10}=\dfrac{8}{10}=\dfrac{4}{5}$

$\dfrac{4}{5}$kg

② $\dfrac{1}{2}+\dfrac{13}{10}=\dfrac{9}{5}$ $\dfrac{9}{5}\left(1\dfrac{4}{5}\right)$kg

3 $\dfrac{1}{4}+\dfrac{7}{12}=\dfrac{5}{6}$ $\dfrac{5}{6}$kg

4 $\dfrac{1}{5}+\dfrac{2}{15}=\dfrac{1}{3}$ $\dfrac{1}{3}$m²

5 $\dfrac{2}{3}+\dfrac{5}{6}=\dfrac{3}{2}$ $\dfrac{3}{2}\left(1\dfrac{1}{2}\right)$km

6 $1\dfrac{4}{5}+\dfrac{8}{15}=2\dfrac{1}{3}$ $2\dfrac{1}{3}\left(\dfrac{7}{3}\right)$L

● アドバイス　**5** 図に表すと下のようになります。

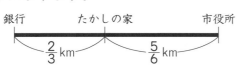

銀行　　たかしの家　　市役所

$\dfrac{2}{3}$km　　$\dfrac{5}{6}$km

11 分数のひき算① 25~26ページ

1 $\dfrac{1}{2}-\dfrac{1}{3}=\dfrac{3}{6}-\dfrac{2}{6}=\dfrac{1}{6}$ $\dfrac{1}{6}$L

2 ① $\dfrac{1}{2}-\dfrac{2}{5}=\dfrac{5}{10}-\dfrac{4}{10}=\dfrac{1}{10}$ $\dfrac{1}{10}$m

② $\dfrac{11}{10}-\dfrac{2}{5}=\dfrac{7}{10}$ $\dfrac{7}{10}$m

3 $\dfrac{4}{5}-\dfrac{1}{2}=\dfrac{3}{10}$ $\dfrac{3}{10}$kg

4 $\dfrac{3}{4}-\dfrac{2}{3}=\dfrac{1}{12}$

ぶどうジュースが$\dfrac{1}{12}$L多い

5 $\dfrac{3}{2}-\dfrac{2}{3}=\dfrac{5}{6}$ $\dfrac{5}{6}$kg

6 $\dfrac{5}{4}-\dfrac{4}{5}=\dfrac{9}{20}$ $\dfrac{9}{20}$m

● アドバイス　整数や小数と同じように，「ちがいは」，「残りは」などのことばから，ひき算の式がつくれます。

12 分数のひき算② 27~28ページ

1 $\dfrac{2}{3}-\dfrac{1}{6}=\dfrac{4}{6}-\dfrac{1}{6}=\dfrac{3}{6}=\dfrac{1}{2}$ $\dfrac{1}{2}$L

2 ① $\dfrac{7}{10}-\dfrac{1}{2}=\dfrac{7}{10}-\dfrac{5}{10}=\dfrac{2}{10}=\dfrac{1}{5}$

$\dfrac{1}{5}$km

② $1\dfrac{1}{6}-\dfrac{1}{2}=\dfrac{2}{3}$ $\dfrac{2}{3}$km

3 $\dfrac{9}{10}-\dfrac{2}{5}=\dfrac{1}{2}$ $\dfrac{1}{2}$dL

4 $\dfrac{1}{2}-\dfrac{3}{10}=\dfrac{1}{5}$ $\dfrac{1}{5}$kg

5 $\dfrac{11}{5}-\dfrac{7}{10}=\dfrac{3}{2}$

青色のペンキが$\dfrac{3}{2}\left(1\dfrac{1}{2}\right)$L多い

6 $\dfrac{7}{6}-\dfrac{3}{10}=\dfrac{13}{15}$ $\dfrac{13}{15}$kg

● アドバイス　答えが約分できるかどうか，必ず確かめましょう。

13 算数 パ ズ ル 29~30ページ

① オルゴール

② ペンダント

アドバイス 丸の中の数は約分した数になっているので，約分するのをわすれないようにしましょう。

① $\dfrac{1}{6}+\dfrac{1}{3}=\dfrac{3}{6}=\dfrac{1}{2}\rightarrow$ オ

$\dfrac{1}{15}+\dfrac{3}{5}=\dfrac{10}{15}=\dfrac{2}{3}\rightarrow$ ル

$\dfrac{1}{2}+\dfrac{1}{10}=\dfrac{6}{10}=\dfrac{3}{5}\rightarrow$ ゴ

$\dfrac{1}{12}+\dfrac{1}{6}=\dfrac{3}{12}=\dfrac{1}{4}\rightarrow$ ー

$\dfrac{1}{6}+\dfrac{2}{3}=\dfrac{5}{6}\rightarrow$ ル

となります。

14 平均とその利用① 31~32ページ

1 $(8+5+2+7+3)\div5$
$=5$ 　　　　　5さつ

2 $(56+52+59+63)\div4$
$=57.5$ 　　　　　57.5g

3 $(1+0+2+3+2)\div5$
$=1.6$ 　　　　　1.6人

4 $(550+523+536+541+510)$
$\div5=532$ 　　　　　532g

5 $(83+70+73+88)\div4$
$=78.5$ 　　　　　78.5点

6 $(190+270+150+0+210+260+250)\div7=190$ 　190mL

7 $300\div8=37.5$
　　　　　37.5ページ

アドバイス 「平均＝合計÷個数」で求めます。1つの式で表すときは，たし算には（　）をつけることをわすれ

ないようにしましょう。

3 0人の日も日数に入れるのをわすれないようにしましょう。また，人数のように小数で表せないものも，平均では小数で表すことがあります。

6 0mLの日も日数に入れます。わる数は6ではなく7になることに注意しましょう。

15 平均とその利用② 33~34ページ

1 $58\times50=2900$ 　　　2900g

2 $0.65\times92=59.8$ 　　約60m

3 $12\times16+15\times14=402$
$402\div30=13.4$ 　　13.4個

4 $1.6\times30=48$ 　　　48km

5 $12\div0.48=25$ 　　25日間

6 $59\times2+60\times5+61\times3=601$
$601\div10=60.1$ 　　60.1g

7 $33\times18+18\times12=810$
$810\div30=27$ 　　　27m

アドバイス **1** 「平均＝合計÷個数」より，「合計＝平均×個数」となります。

2 59.8mを上から2けたのがい数で表すと，約60mです。

3 平均×人数で，ひろったかんの合計を求めてから，全体の人数でわって求めます。

4 「合計＝平均×日数」で求められます。

5 $12=0.48\times\square$ と考えると，$\square$ は，$12\div0.48$ で求められます。

6 たまご10個の重さの合計を求めてから，「合計÷個数」で求めます。

7 男子と女子の投げたきょりの合計を求めてから，合計÷人数で求めます。

74

16 単位量あたりの大きさ①　35~36ページ

1 ①ア…$15÷20=0.75$
　　イ…$20÷25=0.8$　　　　　ア
　②ア…$20÷15=1.33…$
　　イ…$25÷20=1.25$　　　　ア

2 $323345÷109=2966.4…$
　　　　　　　　　　約3000人

3 $720÷6=120$
　$1000÷8=125$
　　　　6さつで720円のノート

4 $153÷15=10.2$
　$192÷20=9.6$
　　　15Lのガソリンで153km走る
　　自動車

5 $2280÷12=190$
　$1640÷8=205$
　　　　8両に1640人乗っている電車

6 $435000÷312=1394.2…$
　$246000÷175=1405.7…$
　　　　　　　　　　　　B市

アドバイス　**2** 1km²あたりの人口を,「人口密度」といいます。

3 は1さつあたりのねだん, **4** はガソリン1Lあたりの走る道のり, **5** は1両あたりの乗客数, **6** は人口密度で比べるとかんたんです。

17 単位量あたりの大きさ②　37~38ページ

1 A…$112÷35=3.2$
　B…$91÷26=3.5$　　　Bの畑

2 $7÷2.8=2.5$　　　　　2.5dL

3 $6.5×3.8=24.7$　　　24.7g

4 ①A…$680÷8=85$
　　B…$1290÷15=86$　Bの印刷機

②$3060÷85=36$　　　　36分

5 $50.7÷7.8=6.5$　　　6.5cm³

6 $150÷6=25$
　$25×20=500$　　　　500L

アドバイス　**1** のとれ高は,「1kgあたりの面積」で, **4** の①の仕事の速さは,「1まいあたりの時間」で比べることもできますが, 考えやすく, 計算しやすいほうを選んで比べましょう。

6 まず1分あたりのくみ出す量を求めます。

18 速さを求める　39~40ページ

1 A…$110÷2=55$
　B…$180÷3=60$　　Bの自動車

2 $1200÷4=300$　　　分速300m

3 $150÷6=25$　　　　秒速25m

4 電車…$100÷4=25$
　自動車…$700÷35=20$　　電車

5 Aさん…$450÷9=50$
　Bさん…$330÷6=55$　　Bさん

6 ①$288÷5=57.6$　時速57.6km
②$57.6×1000÷60=960$
　　　　　　　　　　分速960m
③$960÷60=16$　　秒速16m

アドバイス　問題文に指示がなければ, mとkmのどちらで計算してもよいですが, 答えを書くときにつける単位をまちがえないように気をつけましょう。

6 ①「道のり÷時間」で速さを求めます。

②「時速」を「分速」になおすには, 60でわります。kmをmになおすには, 1000倍します。

19 道のりを求める

1 $70×3=210$ 　　210km

2 $65×8=520$ 　　520m

3 $5.5×6=33$ 　　33m

4 ①$270×4=1080$ 　1080km

②$0.3×60=18$ 　　18km

③$20×35=700$ 　　700m

④1時間30分=90分

　$0.6×90=54$ 　　54km

⑤2分=120秒

　$47×120=5640$ 　5640m

> **アドバイス** **4**② 問題文中の「速さ（分速0.3km）」と「時間（1時間）」をそのままかけることはできません。時間を「1時間」から「60分」になおして，0.3×60として計算します。
> ⑤ 秒速がわかっているので，「分」を「秒」になおして，計算します。

20 時間を求める
43~44ページ

1 $180÷45=4$ 　　4時間

2 $1600÷320=5$ 　　5分

3 $112÷14=8$ 　　8秒

4 ①$270÷54=5$ 　　5時間

②$3600÷900=4$ 　　4分

③$240÷16=15$ 　　15秒

④$7.2km=7200m$

　$7200÷800=9$ 　　9分

⑤$225÷90=2.5$

　　　2.5時間（2時間30分）

> **アドバイス** 時間は「道のり÷速さ」で求められます。
> **4**④ kmをmになおし，単位をそろえて計算します。

21 速さのいろいろな問題
45~46ページ

1 A…$3600÷45=80$
　　B…$600÷8=75$
　　　　　　Aのコピー機

2 $60÷1.5=40$ 　　時速40km

3 $15÷18=\dfrac{5}{6}$ 　　$\dfrac{5}{6}$時間

4 A…$100÷40=2.5$
　　B…$60÷25=2.4$
　　　　　　Aのトラクター

5 $4÷20=0.2$
　　$0.2×35=7$ 　　7㎡

6 $900÷810=\dfrac{10}{9}$

　　　　$\dfrac{10}{9}\left(1\dfrac{1}{9}\right)$時間

7 $1.5×60=90$

　　$90×0.8=72$ 　　72km

> **アドバイス** **4** 1分間あたりでどれだけ耕せるかを考えます。
> **7** 時間を分になおしてから計算することもできます。
> $60×0.8=48$　$1.5×48=72$

22 [算][数]パズル
47~48ページ

1 ①ウ　②ア

2 ①ア　②エ　③ウ

> **アドバイス** メモに書かれていることから，飲み物や本をどこにしまうのか考えましょう。
> **1**① 紙パックに入ったオレンジジュースは，いいえ→いいえとなるので箱にしまいます。

(23) 割合と百分率　49~50ページ

1 ①28÷20=1.4　　　　　　1.4
　　②12÷20=0.6　　　　　　0.6

2 24÷15=1.6
　　1.6×100=160　　　　　160%

3 28÷35=0.8　　　　　　0.8

4 78÷65=1.2　　　　　　1.2

5 72÷48=1.5
　　1.5×100=150　　　　　150%

6 27÷36=0.75
　　0.75×100=75　　　　　75%

7 9.1÷6.5=1.4
　　1.4×100=140　　　　　140%

アドバイス　「割合＝比べられる量(比べる量)÷もとにする量」で求めます。

割合は，もとにする量を1とみたとき，比べられる量(比べる量)がいくつにあたるかを表しています。割合が1より小さいときは，もとにする量より小さいということです。

割合を表す0.01を1パーセントといい，1%と書きます。

割合を表す数	1	0.1	0.01	0.001
百分率	100%	10%	1%	0.1%

このもとになる関係はしっかり覚えておきましょう。

2　「比べる量」を24，「もとにする量」を15として割合を求めます。

(24) 比べる量を求める　51~52ページ

1 80×0.7=56　　　　　　56m²

2 35×0.4=14　　　　　　14人

3 9.5×0.8=7.6　　　　　7.6m

4 12×0.7=8.4　　　　　8.4km

5 25×1.4=35　　　　　　35m

6 0.8×0.7=0.56　　　　0.56L

7 15×1.6=24　　　　　　24人

8 75×0.8=60　　　　　　60さつ

アドバイス　「比べられる量(くらべる量)＝もとにする量×割合」で求めます。

割合1.5は1.5倍，割合0.5は0.5倍のように考えましょう。

3　80%を割合で表すと0.8となります。

7　160%を割合で表すと1.6となります。

(25) もとにする量を求める　53~54ページ

1 □=40÷0.8=50　　　　50kg

2 □=12÷0.6=20　　　　20cm

3 □×0.4=2.6
　　□=2.6÷0.4=6.5　　　6.5dL

4 □×0.4=38
　　□=38÷0.4=95　　　　95m²

5 □×0.5=0.6
　　□=0.6÷0.5=1.2　　　1.2L

6 □×1.5=84
　　□=84÷1.5=56　　　　56さつ

7 □×1.3=44.2
　　□=44.2÷1.3=34　　　34cm

アドバイス　「もとにする量×割合＝比べられる量(比べる量)」なので，求める量(もとにする量)を□として，□を使ったかけ算の式に表してから，□の数を求めます。

6　150%は割合で表すと1.5となるので，□×1.5=84となります。

1　$60×(1+0.2)=72$

　　　　　　　　　　　　72円

2　$□×(1-0.25)=1.2$

　　$□=1.2÷0.75=1.6$

　　　　　　　　　　　　1.6L

3　$□×(1+0.8)=45$

　　$□=45÷1.8=25$

　　　　　　　　　　　　25kg

4　$85×(1-0.6)=34$　　34㎡

　　別式$85×0.6=51$

　　　　$85-51=34$

5　$35×(1+0.12)=39.2$

　　　　　　　　　　　　39.2kg

　　別式$35×0.12=4.2$

　　　　$35+4.2=39.2$

6　去年の児童数を□人とすると，

　　$□×(1+0.02)=867$

　　$□=867÷1.02=850$

　　　　　　　　　　　　850人

7　はじめ□cm持っていたとすると，

　　$□×(1-0.6)=34$

　　$□=34÷0.4=85$　　　85cm

8　はじめ□kgあったとすると，

　　$□×(1-0.85)=0.24$

　　$□=0.24÷0.15=1.6$　1.6kg

●アドバイス　**4**，**5**は別式のように
減った量や増えた量を先に求めてから
でも解くことができます。

　6　2％は割合で表すと0.02とな
ります。今年は去年より2％増えた
ので，1+0.02となり，去年の人数
×(1+0.02)で今年の人数がわかりま
す。

1　①⑦45　④40　⑦35　ⓔ30

　　②10日目

2　①⑦900　④1030　⑦1160

　　②80円のペン36本

　　　50円のペン24本

3　①⑦1300　④1650　⑦2000

　　②6か月後

4　120円のノート24さつ，

　　100円のノート16さつ

●アドバイス

2　②　$(1680-900)÷(1030-900)$

　　　$=6$

80円のペンが30本より6本増え，
50円のペンが6本減ると，代金の
差が1680円になることがわかりま
す。

3①　表より，今と1か月後では，貯
金の合計は，$950-600=350$で，
350円増えていることがわかります。
②は表の続きを考えて求めましょう。

4　**2**と同じような表を考えて計算し
ましょう。

20さつずつ売れたとすると，売上
高の差は，

$120×20-100×20=400$（円）

100円のノートを1さつ減らし，
120円のノートを1さつ増やすと，
売上高の差は，

$120×21-100×19=620$（円）。

$(1280-400)÷(620-400)=4$

⇒100円のノートを20さつから4さ
つ減らし，120円のノートを20さつ
から4さつ増やせばよいことになります。

28 きまりを見つける問題　59~60ページ

1 ①⑦16　④32　⑨64
　②256個

2 ①⑦6　④10　⑨15　⑤21
　②45個

3 6だん

アドバイス **3** 1だん目のぼうの本数は4本，2だん目のぼうの本数は10本，3だん目のぼうの本数は18本と増えていきます。

29 速さの関係を使って解く問題①　61~62ページ

1 ①⑦180　④720　⑨900
　②300m
　③6分後

2 8分後

3 ①⑦910　④630　⑨280
　②140m
　③5分後

4 10分後

アドバイス **4** 追いかけ始めた時間が2倍になるので，追いつく時間も2倍になります。5×2＝10(分後)

30 速さの関係を使って解く問題②　63~64ページ

1 ①200m　②200m
　③200÷10＝20　　　秒速20m

2 時速72km

3 時速54km

4 8秒

5 30秒

アドバイス **2** 列車の長さに鉄橋の長さを加えたものが，列車が進んだきょりになります。

(160＋200)÷18＝20
　　秒速20m➡時速72km

3 20×6÷8＝15
　　秒速15m➡時速54km

4 160÷20＝8

5 (120＋480)÷20＝30(秒)

31 速さの関係を使って解く問題③　65~66ページ

1 ①順に，450，450，9000
　②順に，350，350，4
　③450×70＝31500
　　　　　　31500m
　④31500÷350＝90
　　　　1時間30分(90分)

2 5.2km＝5200m
　5200÷13＝400
　400－55＝345　　分速345m

3 ①(350－50)×16＝4800(m)
　　4800m＝4.8km　　4.8km
　②4800÷(350＋50)＝12
　　　　　　　　12分

4 ①2.8km＝2800m
　　2800÷7＝400
　　2800÷10＝280
　　(400＋280)÷2＝340
　　　　　　分速340m
　②400－340＝60　　分速60m

アドバイス **3** 図にかいて考えましょう。

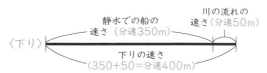

1 順に，840，360，360，180
180円

2 20÷5＝4
4×4＝16
おとな4人，子ども16人

3 大のおもり，
1000−640＝360
360÷3＝120
小のおもり，
640−120×3＝280
280÷4＝70
大のおもり120g，
小のおもり70g

4 3000÷6＝500
500×5＝2500　　　2500円

5 青の点数，26−17＝9
9÷3＝3
赤の点数，17−3×3＝8
青の点数3点，赤の点数8点

6 大の箱は，36÷(1＋4÷2)＝12
小の箱は，12÷2＝6
大の箱12個，小の箱6個

❶アドバイス　**5** 赤に1回，青に3回当たると17点，赤に1回，青に6回当たると26点より，26−17＝9で，青に3回当たるときの点数が9点ということがわかります。

　6 小の箱2箱と大の箱1箱のボールの数は同じになることから大の箱のボールの数を求めます。先に小の箱を，36÷(1×2＋4)＝6として求めてから，大の箱を求めることもできます。

1 10.5×6.4＝67.2　　　67.2g

2 28.5÷1.2＝23あまり0.9
23ふくろできて0.9kgあまる

3 2.1÷3.5＝0.6　　　0.6倍

4 $\frac{7}{10}+\frac{5}{6}=\frac{23}{15}$　　$\frac{23}{15}\left(1\frac{8}{15}\right)$kg

5 $1-\frac{5}{9}-\frac{1}{3}=\frac{1}{9}$　　　$\frac{1}{9}$L

別式　$\frac{5}{9}+\frac{1}{3}=\frac{8}{9}$　$1-\frac{8}{9}=\frac{1}{9}$

6 0.4×6＝2.4，2.4÷4＝0.6　0.6L

7 (147＋151＋149＋143)÷4
＝147.5　　　147.5cm

8 秒速340m＝時速1224km
2時間15分＝2.25時間
1224×2.25＝2754
2754km

9 120÷100＝1.2
1時間12分後

10 □×(1−0.6)＝0.6
□＝0.6÷0.4＝1.5　　　1.5kg

❶アドバイス　**6** 全体の量を求めてから，1人分を求めます。

　7 平均＝合計÷個数より，4人の身長の合計を4でわって求めます。

　8 秒速を時速にするには，3600をかけます。mをkmにするには1000でわります。340×3600÷1000＝1224となります。

　9 1.2時間は1時間12分となります。

　10 はじめにあった牛肉を□kgとして求めます。